【日】石浦章一 著
朱悦玮 译

为木乃伊验明正身

像小说一样有趣的生命科学讲义

辽宁科学技术出版社
沈阳

图书在版编目（CIP）数据

为木乃伊验明正身：像小说一样有趣的生命科学讲义 / (日) 石浦章一著；朱悦玮译. — 沈阳：辽宁科学技术出版社, 2023.9
ISBN 978-7-5591-3025-9

Ⅰ. ①为… Ⅱ. ①石… ②朱… Ⅲ. ①生命科学－普及读物 Ⅳ. ①Q1-0

中国国家版本馆 CIP 数据核字 (2023) 第 087652 号

出版发行：辽宁科学技术出版社
（地址：沈阳市和平区十一纬路 25 号 邮编：110003）
印 刷 者：辽宁新华印务有限公司
经 销 者：各地新华书店
幅面尺寸：145mm × 210mm
印　　张：7
字　　数：200 千字
出版时间：2023 年 9 月第 1 版
印刷时间：2023 年 9 月第 1 次印刷
责任编辑：张歌燕　闻　通
装帧设计：袁　舒
责任校对：徐　跃

书　　号：ISBN 978-7-5591-3025-9
定　　价：69.80 元

联系电话：024-23284354
邮购热线：024-23284502
E-mail:geyan_zhang@163.com

前言

大家好，我是分子认知科学家（自称）石浦。初次见面。自从上次通过羊土社出版生命科学讲座系列以来，已经过去了10年。对于看过前作的读者来说，或许会觉得我又出版了一本相同内容的书。因此，我想先介绍一下本书出版的经过。

正如大家所知，2020年全世界爆发了新冠肺炎疫情。我从东京大学退休之后，在京都的同志社大学度过了这艰难的一年。当时校方委托我给一、二年级的学生进行关于生命科学的讲座，但因为疫情的缘故变成了远程授课，于是我录制了一份讲座的视频，让学生们自主观看。

因为我也是高中生物教材的编者，非常清楚生物专业学生和非专业学生在生物知识上的差距，所以在对DNA和蛋白质等知识点进行讲解时尽可能不使用专业术语，为了将最新的生命科学的核心内容传达给学生们，我选择了通俗易懂的讲述方式。本书就是将这一讲座书籍化之后的产物。讲座共有14节，本书在羊土社的要求下进行了一定的调整。羊土社提出“希望做成能够像小说一样轻松阅读的生命科学讲座”，这与我的想法不谋而合。出版社的老师们可能想要很正规的那种讲座，比如“1.遗传基因，2.蛋白质，3.细胞，4.代谢……”，但很遗憾，本书并不是那样的结构。

绝大多数的教师随着年纪的增长思维也会变得僵化，不愿去尝试新事物，上课的内容也不会改变。但我因为每天去京都的研究室上班，单程都要坐1小时的车，所以会利用这段时间来阅读理科相关的书籍。我衷心地希望所有的教师都能像我这样将闲暇时间充分地利用起来。根据我的经验，一个人时间最充裕的时期除了大学之外就是退休之后了。我现在就将大把的时间都投入到阅读生命科学和历史相关的书籍上。本书之中关于天皇家族（近亲结婚与遗传）的部分，就有许多让人越读越感兴趣的内容。我希望能够将这种阅读的喜悦传达给更多的人，并认为这或许是一种让大家对生命科学产生兴趣的新方法，于是也将其加入到了讲座之中。

本书省略了对生命科学相关专用术语的详细解说，感兴趣的读者可以参阅相关的专业书籍（尤其是羊土社的教科书）。我之所以这样做，是希望对生命科学还不太熟悉的读者能够明白，学习生命科学绝不是单纯地记忆那些专业术语和公式，而是为了了解自己的身体健康和地球上的生命，以及社会的发展趋势与伦理概念。衷心地邀请诸位读者阅读本书，如果我的上述目标能够得以实现，将是我最大的荣幸。

目 录

第 1 章　进化的故事　29

第 2 章　遗传的故事　61

第6章 基因编辑的最新情况 201

结语 221

第0章

生命科学的故事

什么是生命科学？

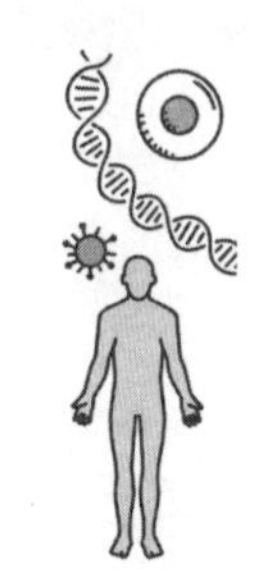

生命科学与普通的生物学不同，是**研究与我们每个人都息息相关的人类身体与环境问题的科学**。对于每一个人来说，了解一些生命科学的知识是很有必要的。本书将从生命科学和进化开始，对遗传、DNA鉴定、科学数据的分析方法、再生医疗、环境、转基因食品等诸多内容进行解说。首先，让我们从生物学和生命科学之间的差异开始说起。

生物学是以动物、植物、微生物为研究对象的科学，比如，这个生物的结构是什么样的，拥有什么功能，组成这个生物的细胞是什么样的，等等。除此之外，生物的进化和我们周围的环境以及生态学等也可以归为生物学的范畴。但大学里讲授的生命科学与生物学稍微有些不同，主要以与人类相关的医疗问题为主。因为对我们人类来说，自己的身体是最重要的事情，必须对其有所了解和掌握才行。所以我也希望大家能够通过本书对最新的科学研究成果——DNA相关的科学研究——有所了解。随着对DNA研究的不断深入，人类逐渐掌握了一些与人体相关的细微机制，比如，人为什么会生病，生物为什么能够生存下来，等等。这些内容可能听起来有些晦涩难懂，但实际上一点儿也不复杂。因为我最希望大家能够掌握这部分内容，所以我会以遗传基因和DNA为主来展开讲解。

此外，在我们的日常生活之中，生命伦理也开始变得愈发重要起来。生命伦理学是生命科学的一部分。如今备受关注的新冠疫情和器官移植等，在诸多方面都**涉及生命伦理学的问题**。因此，学习生命科学至关重要。

既然提到了新冠肺炎疫情，就让我们以此为切入点思考一下与生命科学有关的内容吧。

病毒和细菌的所在之处

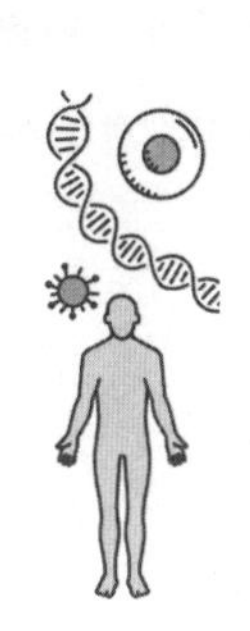

首先，请大家回答以下这个问题。

问 公共场所之中最容易被污染的地方是哪里？

你能立刻回答出来吗？为了找出这个问题的答案，可以用试纸擦拭物体的表面，然后检查擦拭下来的东西上含有多少细菌。这样一来就能够知道物体究竟有多脏。大约10年前有人进行过这样的调查，从调查结果来看，在我们平时经常接触的那些物体之中，有一些非常干净，也有一些非常脏。

接下来请看答案（图0-1）。以最常见的感冒病毒鼻病毒为例，调查这些病毒都存在于哪些地方。首先是儿科的候诊室，尤其是孩子们玩的玩具上最多。现在大家知道为什么说医院是最危险的地方了吧！其次是健身中心。这里也是新冠肺炎疫情的重灾区。在健身中心里面，很多人会使用很多种器械，但这些器械在被使用完毕之后几乎不会进行清洁和消毒，所以上面就会残留有许多细菌。比如哑铃、杠铃、健身自行车等都需要用手抓着使用，而这些用手接触的地方就有大量的细菌。再接下来是电梯的按钮。后文中将要提到的SARS病毒流行时，位于某栋建筑9层的人被大量感染，就是因为电梯按钮“9”的上面残留有病毒。此外，大家经常使用的纸币、电脑鼠标、电话等，上面都有大量的细菌。其他还有像公交车和地铁上的吊环、把手等可能**被不特定多数的人共同使用的东西，都有大量的细菌和病毒**。现在大家知道应该注意哪些地方了吗？只要知道了这一点，就能够有针对性地进行预防。

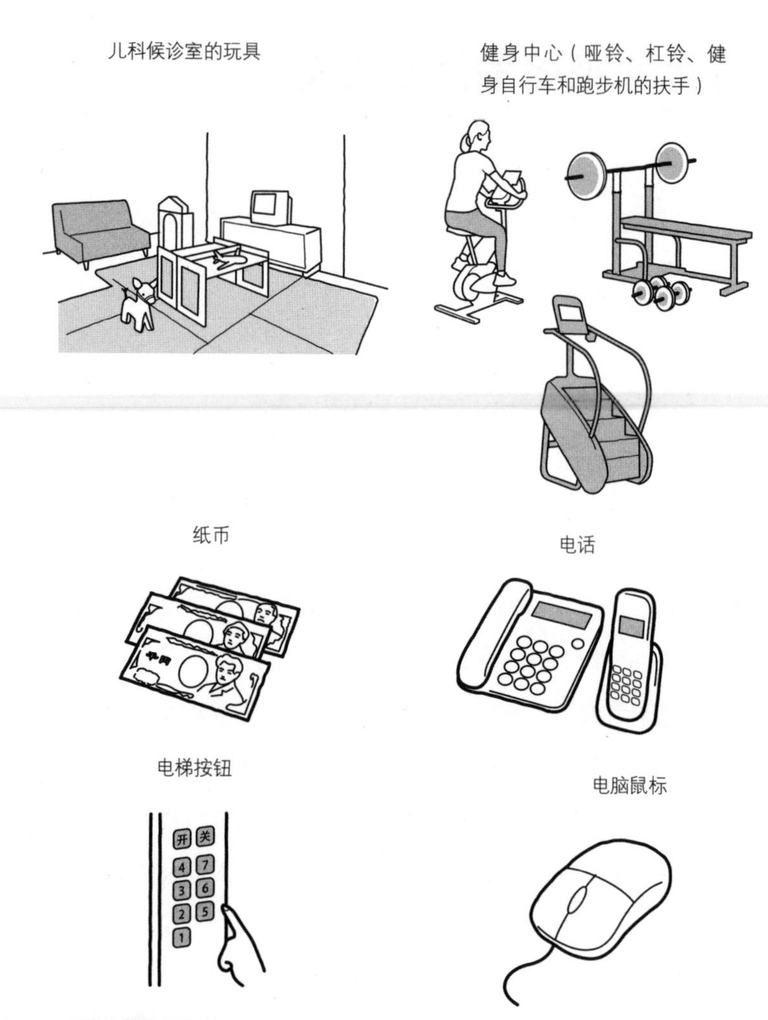

图 0-1　感冒病毒的所在之处

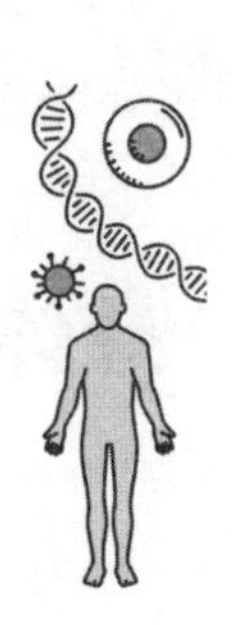

人为什么会感冒?

感冒是很难治疗的疾病。你知道感冒是由什么病原体引起的吗? 30%~40%的感冒都是由鼻病毒引起的（表0-1）。流感病毒占5%~15%，与之非常相似的人类副流感病毒则占15%~20%。排在第四位的是如今肆虐全球的冠状病毒。冠状病毒是和流感病毒一样能够引发感冒的病原体之一，占全部感冒病例的10%。除了上述这几种病毒之外，还有许多种病原体。

表 0-1　引发感冒的病原体

病原体	比例
鼻病毒	30%~40%
人类副流感病毒	15%~20%
流感病毒	5%~15%
冠状病毒	10%
RS 病毒	5%~10%
腺病毒	3%~5%
其他（肺炎链球菌、支原体等）	10% 以下

「インフルエンザパンデミック 新型ウイルスの謎に迫る」（河岡義裕、堀研子／著）、講談社、2009をもとに作成。

冠状病毒名字的由来

大家知道冠状病毒为什么叫这个名字吗? 因为这种病毒的表面有好像王冠一样的突起，所以被命名为冠状病毒。

身体为什么会感觉不舒服？

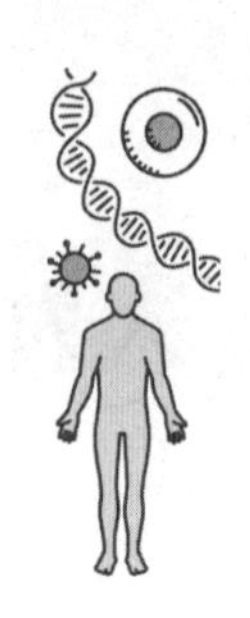

大家都知道，冠状病毒会使人咳嗽，引发肺炎的症状。

问 为什么会出现咳嗽和发烧的症状？

以下4个选项哪一个是正确的呢？

①病毒的遗传基因会产生毒素（病毒本身具有毒性）

②病毒在人体内产生毒素（病毒具有病原性）

③为了抵御病毒，人体产生了抑制病毒增殖的物质

④病毒在进入人体之后就变成了强毒性病毒

乍看起来好像①和②是正确的，但实际上正确答案是③。可能有人会感到很奇怪吧。但实际上**人体之所以发烧，正是因为人体为了抵御病毒的入侵而产生的物质所导致的。**

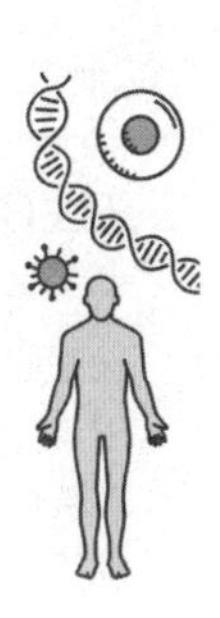

免疫力本来就会不断提高

当感染病毒之后，人体就会释放出一种被称为细胞因子的物质。细胞因子会引起发烧、恶寒、肌肉酸痛等副作用。也就是说，人类为了抵御病毒而产生的这个物质的防御力非常强，其副作用引发了炎症。由于免疫力提高到了不必要的程度，所以**适当地抑制免疫力的提升就变得非常重要。**

虽然现在很多书籍和媒体都宣传要提高免疫力，甚至还有一些关于提高免疫力的食疗法和健身术等，但在感冒的时候过高的免疫力是绝对不行的。而且免疫力本来就会不断提高。所以那些书籍和媒体的说法是错误的，我们**需要提高的并不是免疫力而是抵抗力**。关于抵抗力这个概念，将其描述为抵抗病毒入侵的力量更为合适。大家请记住，提高免疫力的说法是错误的。

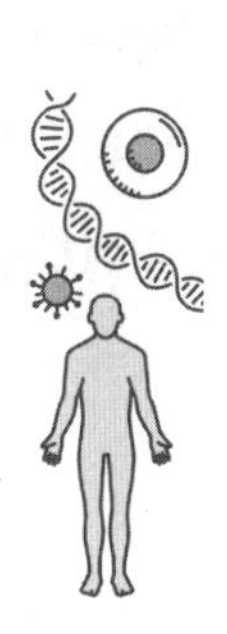

手应该洗几遍?

因为我们身边到处都充满了脏东西，所以要经常进行消毒。这非常重要。用肥皂洗手也是一种消毒的方法。那么，用肥皂洗手能够洗掉多少脏东西呢?

卫生间最脏的地方

说起卫生间，大家认为其中细菌最多的地方是哪里呢？乍一看，似乎门把手和马桶周围是最脏的。此外，很多人都不会及时地清洁马桶的内侧，所以这个地方也会很脏。但实际上有一个意想不到的地方是最脏的，那就是水龙头的开关。为什么呢？大家请想一想，上完厕所之后要做的第一件事就是洗手吧，但洗手之前要先打开水龙头，而打开水龙头时的手是没洗过的，所以水龙头的开关上就会残留很多细菌。

关于这个问题，有人对上完厕所之后手上残留的细菌数量进行了研究。假设上完厕所之后，手上会带有大约100万个细菌，那么用流水洗手15秒的话，能够清除掉1%也就是1万个细菌。接着用肥皂洗手再用流水将肥皂沫洗掉，手上就会只剩下几百个细菌。如果再用肥皂洗一次手，就只剩下几个细菌。从这个研究结果来看，洗手是必不可少的，但只洗一次就可以，还是说应该多洗几次才好呢？是否需要使用肥皂？或许有人会比较在意这些问题吧。

但其实只要自己的身体足够健康，就不用太在意细菌的数量。虽然100万个细菌听起来很可怕，但对于身体健康有抵抗力的人来说，不管有多少细菌都没问题。你知道吗，1升海水之中就有大约1000万个细菌。也就是说，细菌这种东西根本就是无处不在的。既然知道了这一点，那么洗手的话只需要洗一次就够了，因为没必要将细菌的数量减少到个位数。

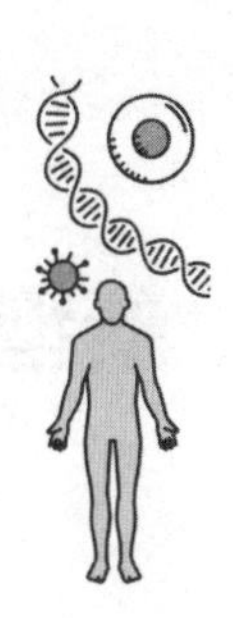

戴口罩有效果吗？

大家最近只要看电视就会知道，新冠肺炎病毒能够通过飞沫传播。而飞沫据说能够传播2米远的距离，所以戴口罩对于防止病毒传播是绝对有好处的。

但有一点需要注意，那就是千万不要用手去碰触口罩的表面。因为口罩的表面沾有大量的细菌。希望大家能够严格遵守这一点。

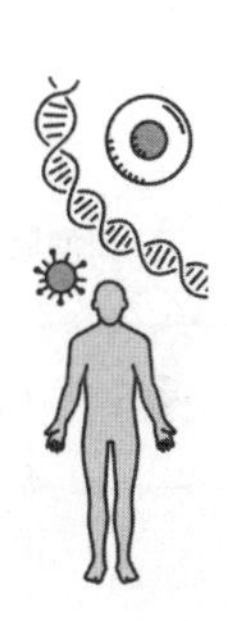

容易感染疾病的场所

说起容易感染疾病的场所，公交车和飞机等空气不流通的封闭空间是最危险的地方。曾经MARS肺炎流行的时候，教会、体育馆等人群密集且空气不流通的场所就是感染的重灾区。除此之外，节日庆典和医院等不特定多数人聚集的场所也有很高感染疾病的风险。在传染疾病流行的期间尽量远离上述场所才是正确的做法。

新型冠状病毒

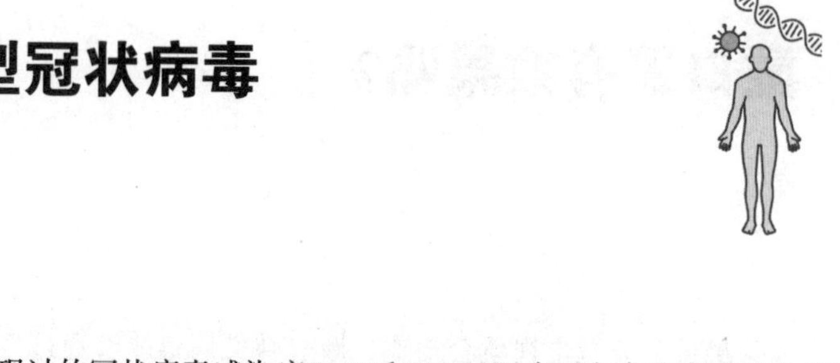

之前出现过的冠状病毒感染症SARS和MARS因为死亡率很高所以非常可怕，关于这两种冠状病毒和新型冠状病毒的差异请看表0-2。通过这个表可以看出，普通的季节性流感是死亡率最低的。新型冠状病毒的死亡率大约为2%。2002年流行的SARS的死亡率在10%左右。2012年流行的MARS最可怕，死亡率高达34.5%。与之相比，新冠2%的死亡率相对较低。但与季节性流感相比，新冠的死亡率仍然高得可怕。

表 0-2　新型冠状病毒与 SARS、MARS 以及流感的差异

	死亡率	每位确认患者可感染的人数	发生与流行期间	症状
新型冠状病毒	约 2%	1.4~2.5 人	2019 年 12 月—	发烧、咳嗽、肺炎等
SARS	9.6%	2~4 人	2002 年 11 月—2003 年 7 月	发烧、咳嗽、肺炎等
MARS	34.5%	不到 1 人	2012 年 9 月—	发烧、咳嗽、肺炎等
流感	0.02%	2 人左右	主要在冬季（国内）	发烧、头疼、关节痛等

※根据WHO与日本国立感染研究所等的资料

毎日新聞デジタル2020年1月30日より引用。

根据忽那贤志医生提供的数据，截止到2020年12月末，日本80岁以上老人感染新冠死亡率为12.0%，70多岁的老人感染新冠死亡率为4.8%，60多岁的老人感染新冠死亡率为1.4%。由此可见，年龄越大，感染新冠死亡率越高。也就是说，上了年纪的老人一旦感染新冠病毒就会非常危险。从现在的情况来看，新冠病毒的感染力非常强，应该尽量避免与人接触。

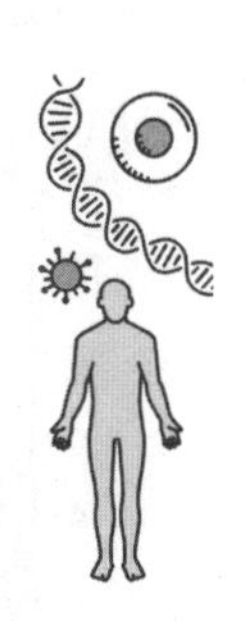

图表传达出的信息

图0-2是表示某疾病每10万人死亡人数的图表。我希望大家思考一下这是什么疾病的死亡率。当我们看到一项数据时，思考其中隐藏的信息非常重要。生命科学的关键就是**通过数据找出现在正在发生什么**。

问 图0-2是某种疾病的死亡率的日美对比。从中我们能够发现什么信息?

一般情况下，日本与美国相比，因为日本的卫生条件更好，所以死亡率应该更低，但从图标上来看却是日本的死亡率更高。这究竟是为什么呢？思考这个问题可以使我们得到非常有趣的结论。

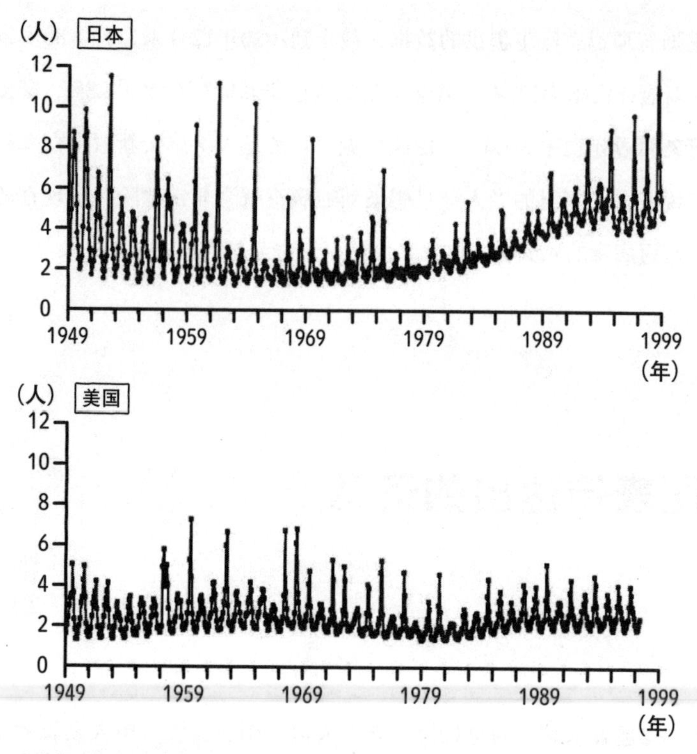

图 0–2 流感每 10 万人口的死亡率

Reichert et al., New Eng J Med, 344, 899–896, 2001をもとに作成。

问 ①将看到这个图表之后得知的信息列举出来。

从图标上可以看出，死亡率的变化非常大。如果前一年的死亡率很高，第二年的死亡率就会降低。还可以看出日本的死亡率在逐渐增加，而美国的死亡率一直都非常稳定。

问 ②为什么死亡率的变化这么大？

通过数据找出隐藏在背后的真相非常重要。为什么死亡率的变化这么大呢？说明这是一种季节性的疾病。因为夏季和冬季的死亡率差距很大，所以变化很大。冬季的死亡率高，而且每2—5年就会迎来一次流行高峰，由此可见，这个疾病应该是流感。

但是，日本的死亡率逐渐增加，这又是为什么呢？美国的死亡率则一直都非常稳定。

问 ③为什么日本的死亡率逐渐增加？

请大家再看一下图表。从图表上可以看出，这个疾病的死亡率在冬季比较高，夏季则比较低。但日本在夏季的死亡率也呈逐渐上升的趋势。流感一般都是在冬季容易发病，但为什么夏季的死亡率也上升了呢？为什么日本在1973年到1993年这20年间流感的死亡率一直增加？大家能想到原因吗？

让我们对日本和美国进行一下对比。20世纪90年代因流感导致的死亡率，日本要远远高于美国，就连夏季的基准线都逐年提升。造成这一结果的原因，可能是20世纪70年代到90年代日本人口大量增加。因为人口增加，老年人的数量增加，所以死亡率上升。既然提出了这个假设，那么就要对假设进行验证。通过调查可以得知，20世纪70年代到90年代日本的总人口大约增加了20%。美国的总人口也同样增加了这么多。单独看65岁以上的人群，日本从700万增加到1500万，增加了800万人，美国则从2000万增加到3100万，增加了1100万人。两国增加的比率基本相同。从这个结果来看，日本的死亡率上升并不是因为人口增加。

那么，究竟是什么原因呢？图0-3中的曲线是日本流感死亡率，柱状图是疫苗的定期接种量。日本的小学生虽然一直定期接种疫苗，但从①处开始急剧下降。因为从这个时期开始，接种疫苗从强制接种变成了自愿选择，导致接种疫苗的人数急剧减少。到了②处，流感疫苗被排除在预防接种对象之

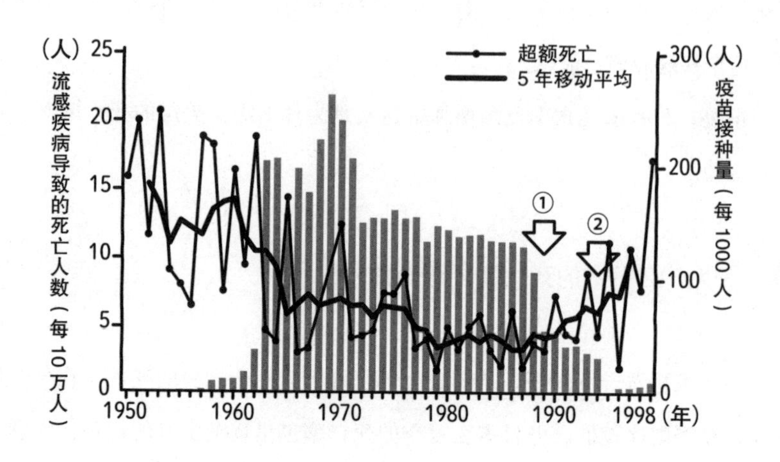

图0-3 流感疾病导致的死亡率与疫苗接种量

Reichert et al., New Eng J Med, 344, 889-896, 2001をもとに作成。

外。从图表上可以看出，在此之后接种流感疫苗的人数几乎归零。而流感导致的死亡人数则逐渐增加。也就是说，**因为不再强制接种疫苗，所以流感的死亡率开始上升**。由此可见接种疫苗确实非常重要。

图0-4是流感病毒的感染人数，也就是感染率。从图表上可以看出，因为年龄是从左到右逐渐增加，所以儿童的感染率非常高，而成年之后的感染率则几乎没什么变化。也就是说，儿童很容易感染流感病毒，但死亡率则是随着年龄的增加而逐渐升高。也就是说，虽然儿童更容易感染流感，但老年人却更容易因为流感而死亡。这也更进一步说明给学龄儿童接种流感疫苗的重要性。**接种疫苗能够减少整个社会的病毒数量**，这就是流感带给我们的启示。关于疫苗的话题我将在第4章进行说明。

像这样对数据展开思考，对我们的生活具有非常重要的意义。生命科学与我们每个人的健康都息息相关，所以我们也需要对生命科学有一定程度的了解。

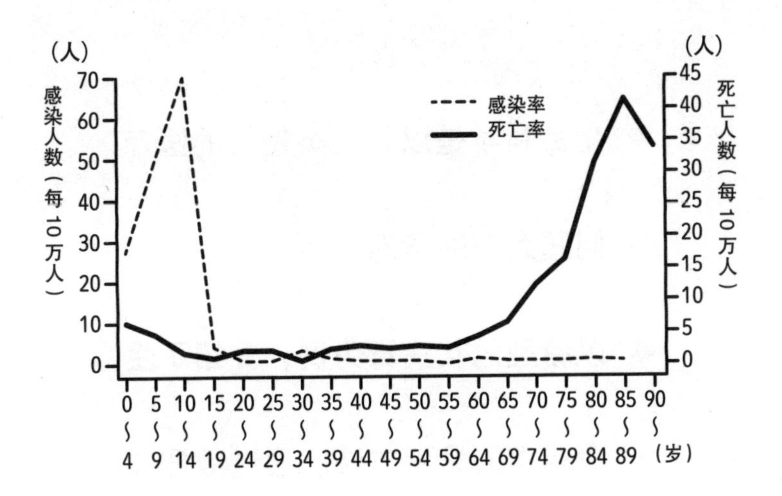

图0-4　流感感染率与死亡率

「インフルエンザパンデミック新型インフルエンザの謎に迫る」（河岡義裕、堀本研子／著）、講談社、2009をもとに作成。

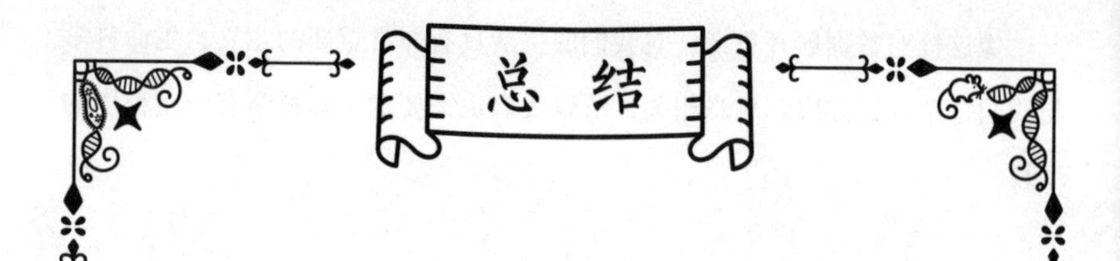

- 生命科学是以与人类相关的医疗问题为主的学问。
- 以新型冠状病毒为例，介绍了生命科学的思考方法。通过数据能够分析出究竟发生了什么。

第 1 章

进化的故事

人类和黑猩猩的区别

在这一章，我想和大家讲一讲生命科学中进化的故事。关于进化，其实有许多有趣的话题。首先，让我们来思考下面这个问题。

①人类和黑猩猩能杂交吗?

②人类是如何从和黑猩猩共同的祖先进化成人的?

人类和黑猩猩拥有共同的祖先，那么，人类和黑猩猩之间能生出孩子吗？一般情况下，这个问题的答案都是不能。既然人类和黑猩猩之间不能杂交，那人类是如何从和黑猩猩共同的祖先进化成人的呢？你知道这个问题的答案吗?

关于染色体的内容，我将在后文中详细说明，但现在我们需要知道人类的染色体有46个，而黑猩猩的染色体有48个。因为染色体数量不同，所以正常情况下是无法生育后代的。那为什么从共同的祖先进化出人类和黑猩猩呢？接下来我将为大家说明这个问题。

使人进化为人的东西

黑猩猩和人类的遗传基因只有1.23%的差异，其他接近99%都是完全相同的。很神奇吧！那么，和黑猩猩相比，人类如此高的智慧又是从何而来的呢？据说在距今大约600万年前，人类和黑猩猩开始出现了分化。

而在20多年前，就连罗马天主教第二百六十四任教皇约翰·保罗二世也公开承认进化论，因为人类和黑猩猩的遗传基因十分相似。但他也同时指出，要说两者之间存在什么不同点，那就是“上帝给人类注入了‘灵魂’”。那么，这里所说的“灵魂”究竟是指什么呢？

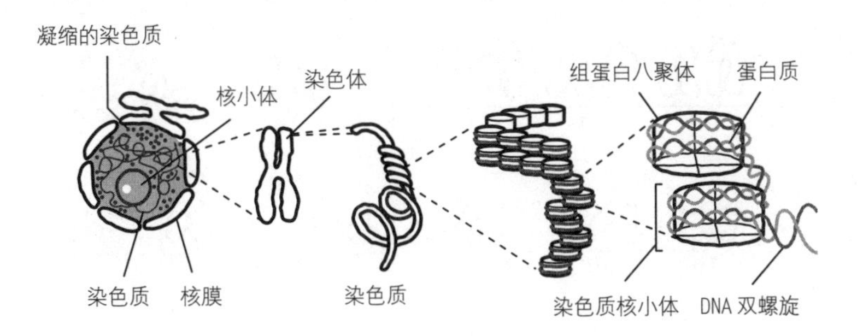

图 1-1 染色体与 DNA

「現代生命科学 第3版」（東京大学生命科学教科書編集委員会/編）、羊土社、2020をもとに作成。

染色体、DNA、遗传基因和基因组的区别

首先来看染色体。染色体的形状就和上图中画的基本相同。人类染色体的数量为46个，每2个一组，总共是23组。为什么是2个一组呢？因为在这2个一组的染色体中，其中一个染色体来自父亲，另一个染色体来自母亲。父亲的精子中有23个染色体，母亲的卵子中也有23个染色体，两者结合组成23组总共46个染色体。将染色体层层分解，最终就会发现DNA双螺旋（图1-1）。DNA之中的一部分能够通过转录变为mRNA，并最终变成蛋白质，这部分被称为遗传基因（→详见第3章）。也就是说，染色体和DNA其实是同一种物质。在DNA的外面还有一层将其包裹起来的圆形物质，这是蛋白质。DNA和蛋白质加在一起被统称为染色质核小体或染色质。这些物质大量地聚集在一起就形成了染色体。那么，基因组又是什么呢？基因组是生物全部染色体的遗传物质的总和。

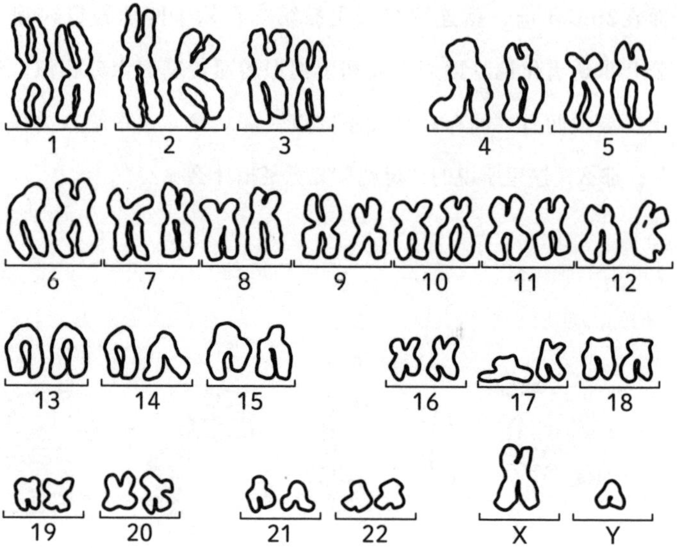

图 1–2 人类染色体一览

染色体与生殖细胞

如果从我们的身体上提取遗传基因，不管从哪个部位提取到的遗传基因都是一样的。因为人类身体内所有的细胞都拥有同样的染色体。染色体由长到短排列，从 1 号、2 号、3 号……一直到 22 号都是两两一组（图 1–2），加起来总共 44 个。但前文中提到人类总共有 46 个染色体，剩下的这两个染色体稍微有些特别。这两个染色体，女性是 XX，男性是 XY。也就是说，只有男性拥有 Y 染色体。X 染色体女性有 2 个，男性只有 1 个。希望大家能够记住这一点。

上图是人类细胞的染色体一览。当两两一组共 23 组染色体变成精子和卵子的时候，会各取一半放入精子与卵子之中。但因为放入时的选择是完全随机的，所以每一组的染色体中的每一个染色体都有 1/2 的机会被选中，那么精子和卵子的染色体组合方式就有 2 的 23 次方种。这也说明了为什么同父同母的兄弟姐妹之间仍然有非常大的差异。

让我们再回到问题①，黑猩猩有48条染色体，精子和卵子中的染色体数量各为24条。而人类有46条染色体，精子和卵子中的染色体数量各为23条。24条染色体和23条染色体无法完美结合，所以人类和黑猩猩之间自然无法生出后代。

人类是如何诞生的

虽然人类和黑猩猩之间无法生出后代，但两者的遗传基因只有1.23%的差异。究竟差在哪里呢?

染色体断开后又再次结合

对遗传基因进行仔细调查后发现，人类的第2条染色体（第2长的染色体）和黑猩猩的染色体非常相似（图1-3A）。白色的部分和人类完全一样。也就是说，黑猩猩的染色体数量之所以比人类更多，是因为将人类第2染色体一分为二了。从这个角度来看，人类和黑猩猩的共同祖先应该有48条染色体。而共同祖先的第2染色体从虚线处断开，上面白色部分与下面白色部分重新结合后就变成了人类染色体。像这样，**两个染色体断开后又相互结合的情况被称为转座。人类就是因为基因的转座而诞生的。**

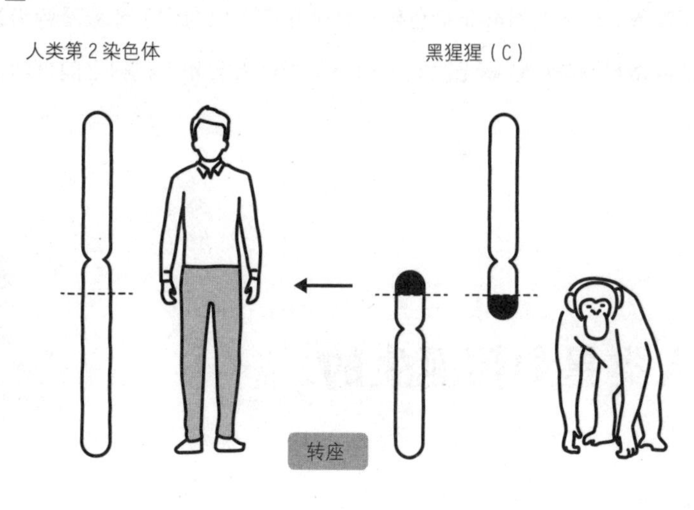

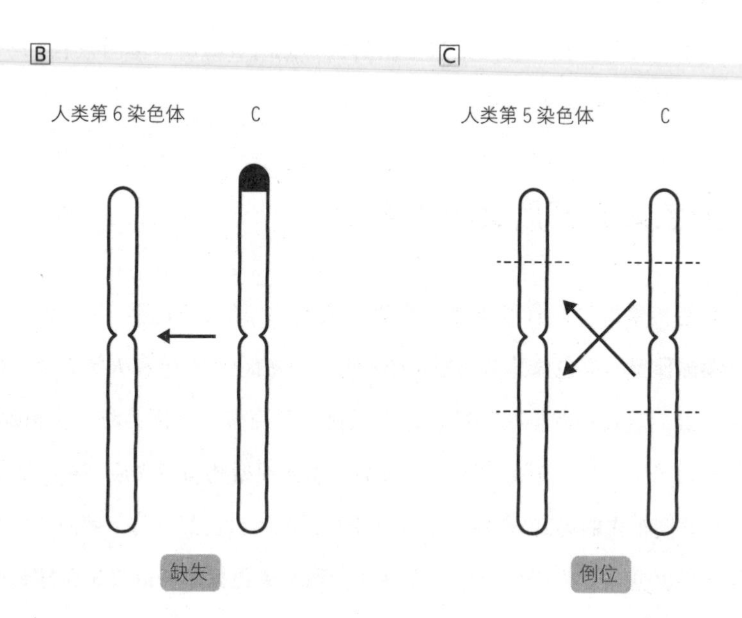

图 1-3 人类与黑猩猩的染色体差异

那么，人类独有的部分是哪里呢？答案是两个染色体的结合处。所以有人认为人类灵魂的遗传基因就存在于第2染色体的结合处。虽然这些人努力地寻找，却一直都没有找到。也就是说，他们的这种理论恐怕并不正确。

遗传基因消失了

再来看其他的染色体（图1-3B）。人类第6染色体与黑猩猩的某条染色体也基本相同，只不过黑猩猩的染色体稍微多出来一点儿。去掉黑色的部分（被称为**缺失**）之后就会变成人类第6染色体。与黑猩猩相比，人类显然更加复杂，或许会让人觉得人类拥有更多的染色体，但实际上却是黑猩猩的染色体数量比人类更多，可以说人类是将染色体多余的部分给去掉了。从这个角度来看，拥有更高智商的人类，是将黑猩猩的遗传基因去掉一部分之后才诞生的。是不是非常有趣呢？

遗传基因颠倒过来

还有人类第5染色体，刚好是将黑猩猩的染色体中间的部分颠倒过来（图1-3C）。虽然整体的组成部分完全相同，但中间的部分上下颠倒，这被称为**倒位**。

现在发现了人类很多这样的情况，当人类与黑猩猩的共同祖先进化出人类时，应该就出现了像这样非常巨大的遗传基因转变吧。

接下来我想请大家思考一个问题。如图1-4所示，人类与共同祖先的染色体相比出现了倒位，共同祖先的排列顺序为ABCDEFG，人类的排列顺序为AFDCBGE。那么，人类的这种排列顺序是通过怎样的倒位实现的呢？

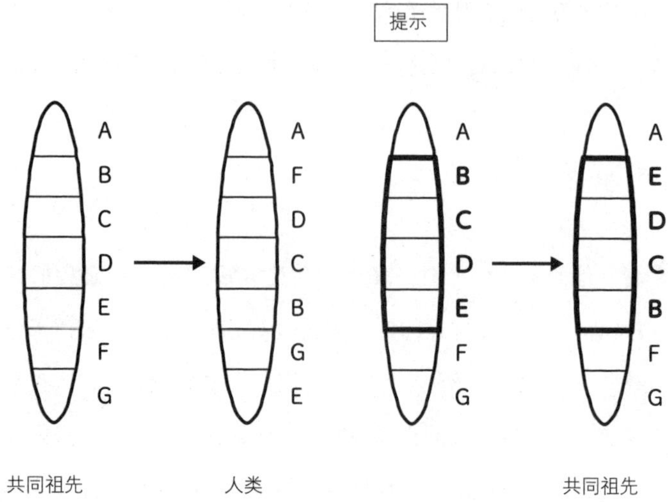

提示

A B C D E F G → A F D C B G E

共同祖先　人类

A B C D E F G → A E D C B F G

共同祖先

图 1-4　倒位

最少需要经过多少次倒位才能出现人类的排列顺序？

请看提示，这是在B与E之间出现倒位的情况。在这种情况下，BCDE的部分上下颠倒，从上到下的排列顺序就变成了AEDCBFG。那么，接下来应该从什么地方到什么地方进行颠倒呢？再经过几次颠倒会变成人类的排列顺序呢？关于这个问题的答案请见本章结尾（→59页）。

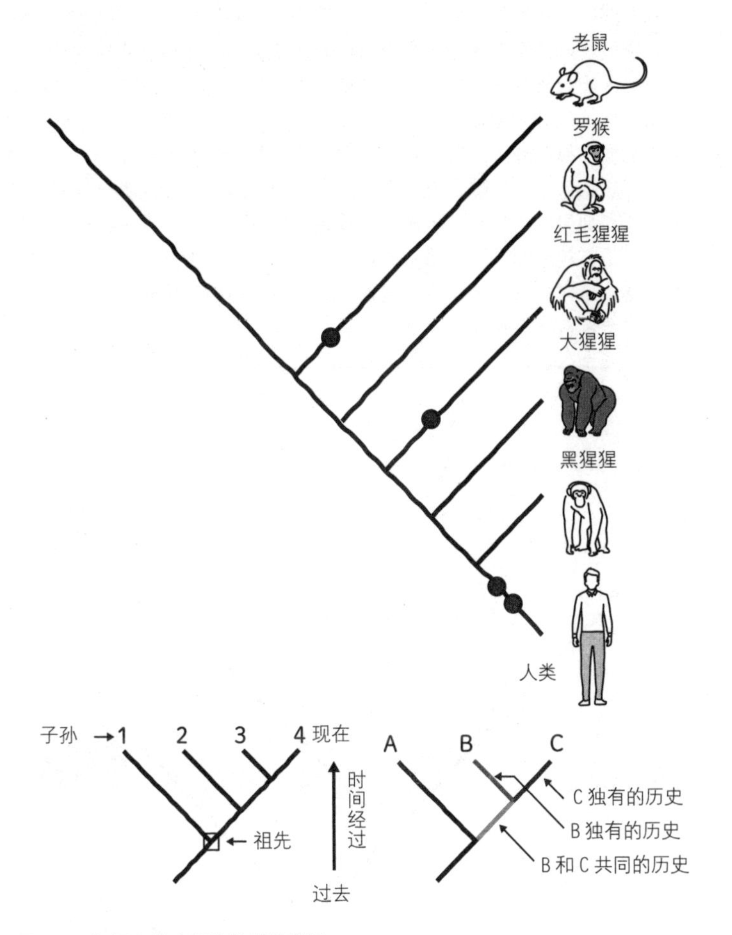

图 1–5　与语言能力相关的遗传基因

与语言能力相关的遗传基因

还有许多与遗传基因相关的有趣研究。请看图中的系统树，树杈分支的顺序是老鼠、罗猴、红毛猩猩、大猩猩、黑猩猩、人类。那么，人类独有的能力是什么呢？

很明显，是两足直立行走和语言能力。通过科学研究还发现了人类与语言能力相关的遗传基因。如果人类体内的这个遗传基因出现变异，就会导致无法正常说话的疾病，也就是所谓的诵读困难症。那么，这个遗传基因是人类独有的吗？黑猩猩和大猩猩有这个遗传基因吗？如果猩猩也有这个遗传基因，那就说明这个遗传基因和语言能力没有关系。经过调查研究后发现，在系统树人类分支的两个黑点处存在遗传基因的变异。也就是说，人类与其他动物相比，有 2 个遗传基因发生了变异。那么，如果其他动物的这两个遗传基因也发生和人类一样的变异，是否就和人类一样能够说话了呢？

要想确认这个问题，有一个办法是人工制造一个和人类一样基因变异的黑猩猩。如果这个被制造出来的黑猩猩能够开口说话，就说明这个遗传基因确实与语言能力相关。但遗憾的是，即便在技术方面能够做到，但受限于伦理道德，这样的试验是不可能实现的。虽然目前还无法确认，但仍然有很多人在进行着与之相关的研究。

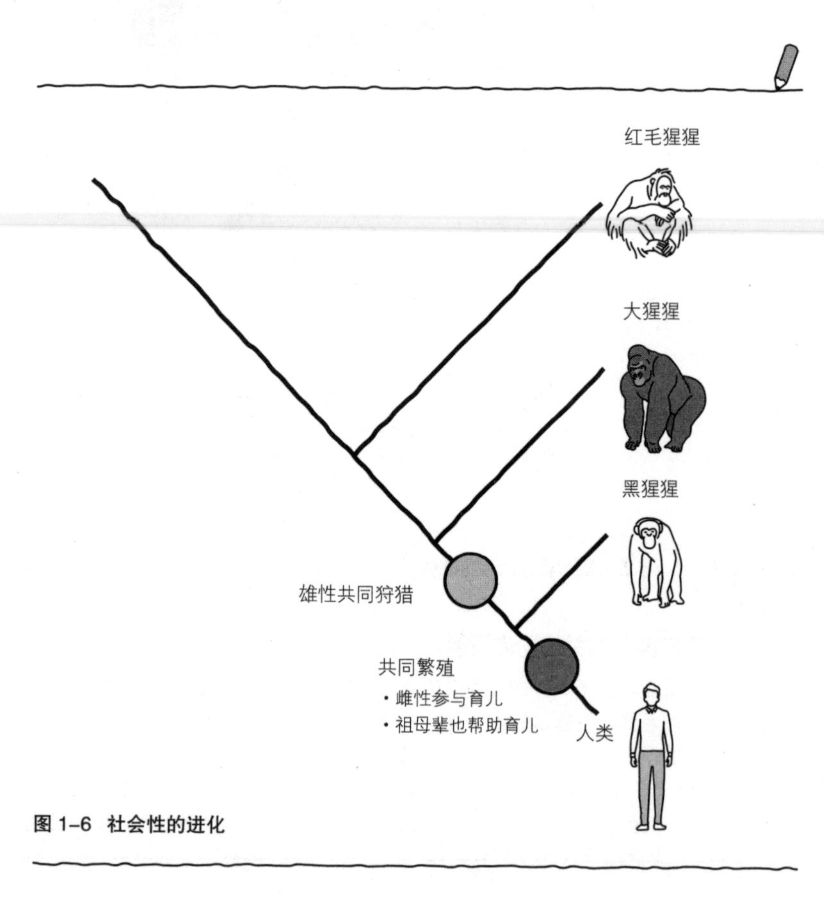

图 1-6　社会性的进化

社会性也在进化

正如前文中提到过的那样，两足直立行走和语言能力是从共同祖先进化到人类的时候才开始出现的能力。除此之外，社会性也在不断地进化。如果说红毛猩猩和大猩猩与黑猩猩和人类相比存在哪些区别，答案是后两者的雄性能够互相合作、共同狩猎。红毛猩猩和大猩猩都是独自寻找食物，但黑猩猩和人类则不是这样。他们懂得合作狩猎。由此可见，社会性也是在不断进化的（图 1-6）。那么，是什么在影响社会性的进化呢？这也是非常耐人寻味的问题。

与黑猩猩相比，人类还有一个独特的能力。那就是雌性都会参与育儿，祖母辈也帮助育儿。如果对黑猩猩和人类的遗传基因进行对比，或许也能找到与育儿相关的基因。像这样，对进化的研究和对遗传基因的研究，存在许多关联的地方。

生物中的人类

接下来让我们从生物全体的角度来看一下人类在生物中的位置（图 1-7）。箭头位置是最初的原始生物。原始生物向左侧进化出细菌（真细菌），人类则位于右侧真核生物的动物分支上。在通往真核生物的分支上还有一个比较大的分类，这部分被称为古细菌。之所以将其称为古细菌，是因为人类认为这种细菌非常古老，能够在海洋深处的火山之类的地方和盐的浓度很高的地方生存，也就是在很古老的地球上就已经存在的细菌。但从遗传基因上来看，古细菌与真细菌相比，与人类和植物的遗传基因更加接近。

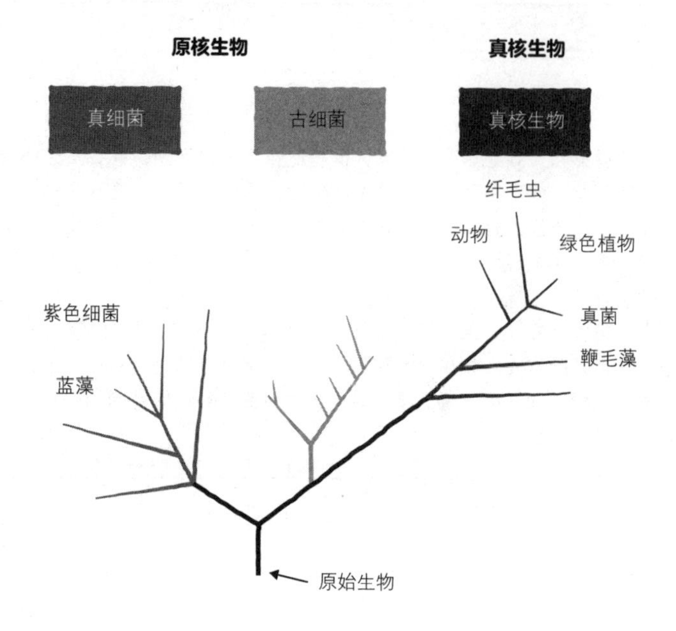

图 1-7 生物的系统树

哺乳类的进化

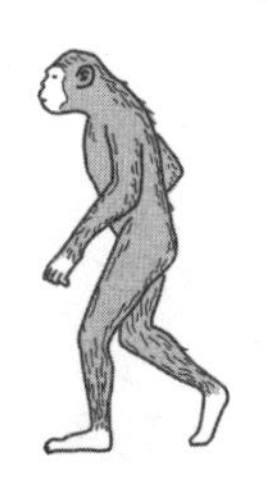

接下来让我们看一下哺乳类的形态进化（图1-8）。位于最右侧的是人类。从右往左分别是大猩猩、兔子、老鼠等动物，最原始的动物是短吻针鼹和鸭嘴兽。大家听说过鸭嘴兽吗？这个动物长着好像鸭子一样的嘴巴，是生活在水中的哺乳动物。哺乳动物用奶水哺育后代，绝大多数都是胎生，幼崽在母体内发育到一定程度之后才会出生。但鸭嘴兽却是产卵的。产卵的哺乳动物十分少见，所以鸭嘴兽属于非常原始的哺乳动物。短吻针鼹也是卵生，也是原始的哺乳动物。

接下来的分支是有袋动物，袋鼠就是最有代表性的有袋动物。再接下来是有胎盘的动物。有胎盘的哺乳动物中最初的分支是鼠类。最近鼠类也被分为耗子和老鼠。在鼠类的分支上还有一个分支是兔子，兔子有两颗大大的门牙，和老鼠十分相似。也就是说，兔子其实和老鼠也是同类。从这一点上也能看出进化的规律。

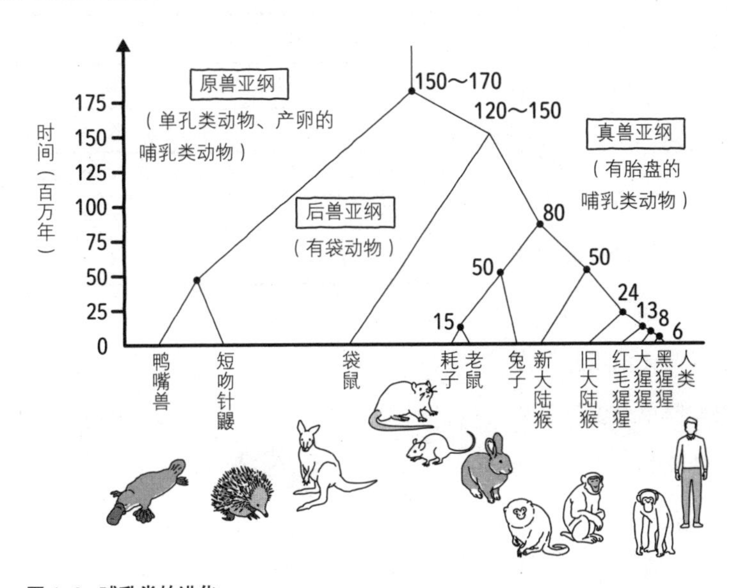

图 1–8　哺乳类的进化

Kumar S & Hedges SB：Nature, 392：917–920, 1998と「ヒトの分子遺伝学 第 4 版」（村松正實、木南 凌／監修、村松正實、木南 凌、笹月健彥、辻 省次／監訳）、メディカルサイエンスインターナショナル、2011をもとに作成。

耗子与老鼠

这两种动物都属于鼠类。区别主要在于体型的大小。体型比较大的叫作耗子，与之相对体型较小能够放在手心的则被称为老鼠。米老鼠就是老鼠。

通过遗传基因的排列来了解进化

从哺乳类的进化图来看，因为不同物种之间的跨度过大，所以很难了解进化的过程。于是人类又想到了通过遗传基因来了解进化过程的**分子进化理论**。由于这部分的内容过于复杂，我无法进行详细的解说，简单来说就是从鱼类到哺乳类，所有的动物体内都有一种叫作血红蛋白的用于在血液中运送氧的蛋白质。通过对血红蛋白中氨基酸的排列顺序进行调查（图1-9），就会发现人类与鼠类的排列顺序相同，所以都属于哺乳类，而与鸟类的排列顺

血红蛋白的氨基酸排列

人	A Q V K G H G K K V A
鼠	A Q V K G H G K K V A
鸟	A Q I K G H G K K V V
乌龟	A Q I R T H G K K V L
青蛙	K Q I S A H G K K V A
鲨鱼	P S I K A H G A K V V

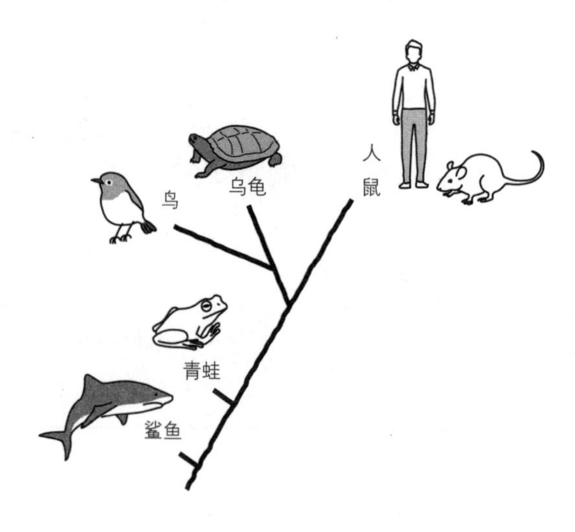

图 1-9　哺乳类的进化与氨基酸排列

序则有所不同。其中差异最大的是鲨鱼（鱼类）。因此可以判断，鱼类是最先进化出来的。脊椎动物首先进化出鱼类，然后是两栖类（青蛙），接着是爬虫类（乌龟），爬虫类又进化出鸟类，最后才进化出哺乳类。

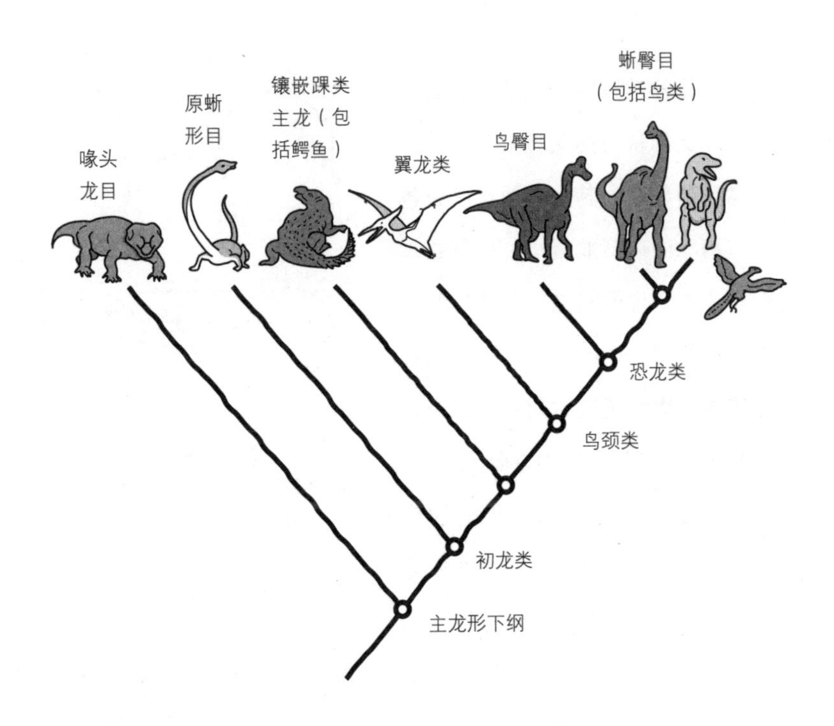

图 1–10　恐龙的系统树

恐龙属于什么动物？

恐龙其实是鸟类的祖先。我们身边的鸟类都是恐龙的子孙后代。上图是恐龙的系统树。肯定有不少大家非常熟悉的恐龙吧。恐龙就是像这样不断进化，最后变成鸟类的。

进化的方向是固定的吗？

在进化的过程中会发生许多有趣的事情。比如从马的化石来看，距今时间越远的化石，其个体的尺寸就越小。最初马的体型非常小，但现在却变得非常大。也就是说，马的骨骼越来越大，朝着一定的方向进化。这被称为**定向进化**。通过对化石的调查发现，进化总是朝着一定的方向。

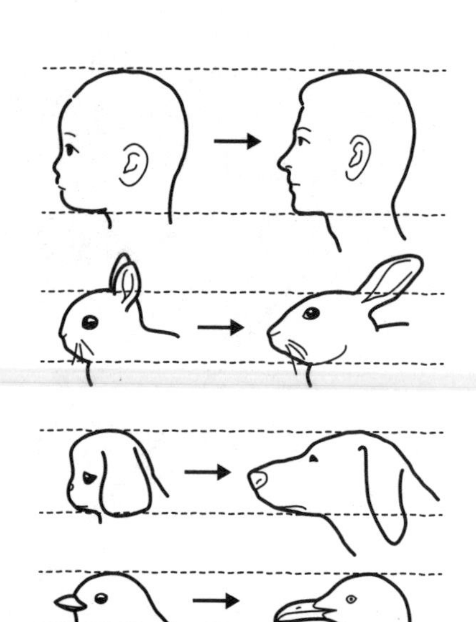

图 1-11 面部的个体变化

「Studies in animal and human behaviour」（Konrad L & Robert M），Methuen, 1971をもとに作成。《动物与人类行为研究》

即便是同一种动物，小时候和成年之后的面部也会发生很大的变化（图1-11）。不仅人类是这样，兔子、狗和鸟都是如此。大家通过这个图发现了什么吗？没错，面部的形状和骨骼都是按照一定的方向进行定向进化（准确地说并不是“进化”，应该用“变化”更加准确）。一般来说，面部圆圆的才显得可爱，而变长之后就没有那么好看了。小时候的面部看起来可爱，可能是为了更容易得到他人的照顾吧。

米老鼠的进化

说句题外话，米老鼠其实也是在进化的。有人专门测量过最早的米老鼠形象的脸部尺寸，发现米老鼠的面部进化和图 1–11 所示的情况完全一致。

化石无法告诉我们的事

在能够对DNA进行调查之前，人类只能通过化石来对进化展开研究。定向进化就是通过化石发现的。但实际上，仍然有许多事情是化石无法告诉我们的。

为什么说仅凭化石来研究生物的进化非常危险？

请大家想一想，在化石的上面还有许多没有留下来的东西吧？通过化石，我们可以了解到骨骼的变化，但是却发现不了骨骼无法表现出来的变化。比如动物体内发生的化学反应，这些都不会残留在化石上。所以，只调查骨骼，对于研究进化是远远不够的。

最近通过DNA调查，人们发现一直以来认为属于同种类的动物，其实是完全不同的种类。除此之外还有许多其他的发现。

仅仅一个遗传基因的变异带来的结果

在我们的体内拥有30亿个DNA碱基，即便其中一个发生改变，也有可能使我们的形态发生巨大的变化。请看下面这几个例子。

对苦味的感知

有人对人类的苦味感知能力进行了一项研究。让参与实验的人舔同一种实验药品，有的人感觉很苦，但有的人却完全没感觉。为什么会出现这种情况呢？因为这两组人有一个遗传基因不同。仅仅一个遗传基因不同就会使人对苦味的感知出现如此大的差异，而且，这种差异通过化石是完全看不出来的。

没有毛的老鼠

有一种老鼠没有毛，这就是因为与毛发相关的遗传基因出现了变异，结果使本应有许多毛的老鼠变得没有毛了。

足骨异常

有一种叫作软骨发育不全的疾病。这就是FGF受体的遗传基因中的一个出现变异导致的。主要症状表现为足骨异常短小。

通过上述事例不难看出，遗传基因变异的数量和整体形态的改变完全是不成比例的。

人类移动意外地缓慢?

接下来，让我们根据上述内容来思考一下人类自从诞生之后是如何扩散到整个世界，以及如何对人类的进化过程进行分析的问题。

人类的祖先

尼安德特人是早于现在的人类生活在地球上的人种，大约在3万年前灭绝。通过对从尼安德特人遗骨化石中提取出的遗传基因进行分析发现，尼安德特人可能长着红茶色的头发。还有人认为，通过遗传基因不但可以推测出毛发的颜色，甚至还能推测出面部的形状。

图1-12是根据目前的研究成果推测出的人类发展轨迹图。最早的南方古猿（猿人）和猴子十分相似，但已经开始用两足直立行走。随后爪哇猿人（直立人）、尼安德特人（早期智人）、克鲁马努人（晚期智人）相继出现，克鲁马努人就是现在人类的祖先。随着人类的不断发展和进化，人类头部的形状和大小也逐渐发生了改变。

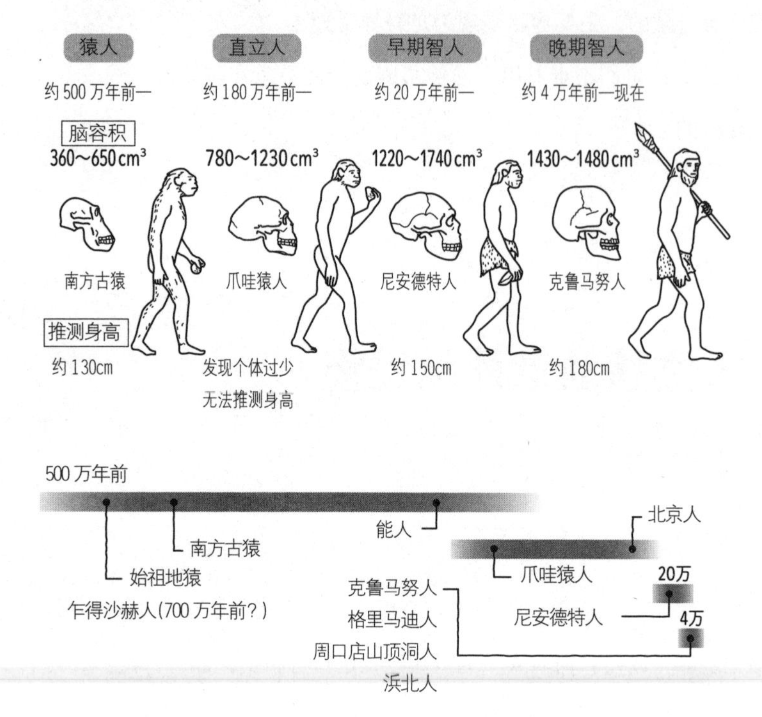

图 1-12 人类进化轨迹

但用DNA检测也存在一个问题，那就是DNA最早只能追溯到三四万年之前。虽然人类还发现了爪哇猿人和北京人的骨骼，但并不能从中提取出DNA。也就是说，越是古老的人就越无法提取DNA，这也导致我们无法知道这些古老的人究竟属于什么人种。通过DNA检测发现，尼安德特人并不是现在人类的祖先，这意味着尼安德特人已经灭绝了。现在的人类究竟是怎么知道这些的呢？让我们接着往下看。

从非洲到全世界

众所周知，人类起源于非洲。最早的人类诞生于非洲，然后走出非洲来

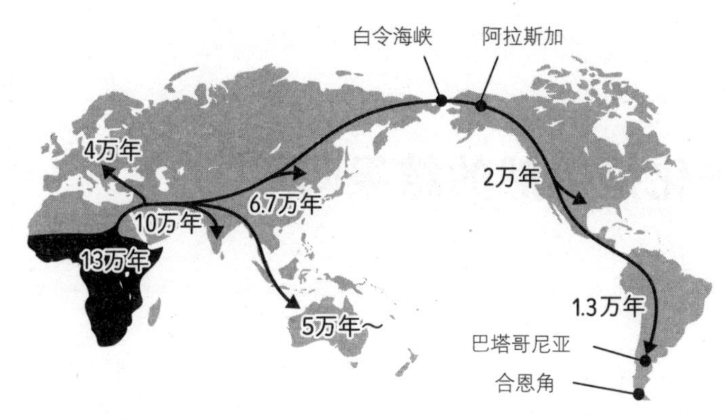

图 1–13　人类的移动

到埃及周边，并从这里扩散到全世界（图1–13）。首先是欧洲和亚洲。接着大约在5万年前，从亚洲来到澳洲大陆。那么，当时的人类是从亚洲划船到那里的吗？事实上，在几万年前，亚洲大陆和澳洲大陆是相连的。同样，亚欧大陆与北美大陆之间也是相连的。早期的人类就是从现在白令海峡的地方抵达美洲大陆，随后在大约1.3万年前抵达位于南美洲大陆最南端的合恩角。

问 从阿拉斯加到巴塔哥尼亚步行需要多长时间？

人类步行的速度大约是4.8千米/时。地球从北极到南极的距离是4万千米，一半就是2万千米。只要用2万千米的距离除以4.8千米/时的速度就能计算出人类从阿拉斯加步行到巴塔哥尼亚所需的时间。计算的结果是半年左右。虽然这是不分昼夜连续步行所需的时间，但也比大家预想中的时间要短吧。蜗牛一秒钟大约能走1.6厘米，一只蜗牛如果从北极走到南极需要400年的时间。但从图1–13可以看出，实际上人类的足迹从阿拉斯加到巴塔哥尼亚大约用了7000年的时间。由此可见，人类这一路上肯定是充满了艰难险阻。在对问题进行思考时，迅速地计算出像这样的数字并做出预测非常重要。

进化是偶然的结果吗？

人类的这种移动过程所造成的影响非常深远。对人类群体的血型进行调查后发现，日本人中A型、O型、B型、AB型血液的人比例为4：3：2：1。而英国人则几乎都是A型和O型血。与之相比，印度人中B型血占绝大多数。也就是说，不同地区人群的血型组成结构完全不同。尤其是美洲大陆，因为都是当初越过白令海峡的人类祖先的后代，所以对现在美洲大陆上原住民的血型进行调查后，发现了非常有趣的结果。

美洲大陆原住民的血型有九成都是O型。这究竟是为什么呢？大家能想到答案吗？实际上，这是瓶颈效应导致的结果。虽然在最初的人群中总共有4种血型，但由于从白令海峡前往美洲大陆的人只占最初人群的极少部分，而其中又恰好有许多O型血的人，这就导致在美洲大陆上扩散的人类大多是O型血。像这样的情况在生物学上被称为**瓶颈效应**。由此可见，**进化也会受偶然的影响**（关于进化的内容将在第5章详细说明）。

遗传基因区别非常大的非洲

在非洲的原住民之中，不同种族之间的遗传基因差异也非常大。对于现代人来说，欧美人和亚洲人之间存在着非常明显的差异。但欧美人和亚洲人在遗传基因上的差异远不如非洲两个不同种族之间的差异。这说明在人类最早出现的非洲，拥有数量最多的人种，同时也拥有数量最多的遗传基因，其中一部分人走出非洲，并扩散到了全世界。所以，不管是欧洲人还是亚洲人，都拥有非常相似的遗传基因。

灭绝的尼安德特人

曾经的父系社会

让我们回到尼安德特人的话题上来。通过对从尼安德特人骨骼上提取出来的遗传基因进行的调查发现，尼安德特人可能属于父系社会。为什么这么说呢？因为男性的遗传基因都属于同一系统，而女性的遗传基因则完全不同。比如，在某处的墓穴中发现了许多尼安德特人的遗骨，一般来说，都是住在一起的人才会被埋葬在一起。只要对其中的遗传基因进行调查，就能知道这些遗骨都属于什么人。调查发现，男性遗骨的遗传基因都非常相似，而女性遗骨的遗传基因则与男性完全不同。这说明女性是从远方嫁过来的，而男性则大多是兄弟生活在一起。也就是说，尼安德特人可能是男性为同一系统的父系社会。

遗传基因之外的发现

现代人发现尼安德特人可能是右利手。因为考古发现的尼安德特人石制刀具更适合右手使用。由此可见，尼安德特人绝大多数是右利手。因为左利手和右利手并不是遗传决定的，所以通过遗传基因无法发现这个事实。

残留在遗传基因中的尼安德特人

尼安德特人的名字来源于德国的尼安德特山谷。因为最早在这里发现了骨骼化石（图1-14），所以命名为尼安德特人。尼安德特山谷中发现的骨骼距今4万多年。而在西班牙的埃尔西德龙洞穴之中发现的尼安德特人骨骼则距今4.9万年。此外，在克罗地亚的文迪亚洞穴中也发现了尼安德特人的骨骼化石，距今大约3.8万年（图1-14）。

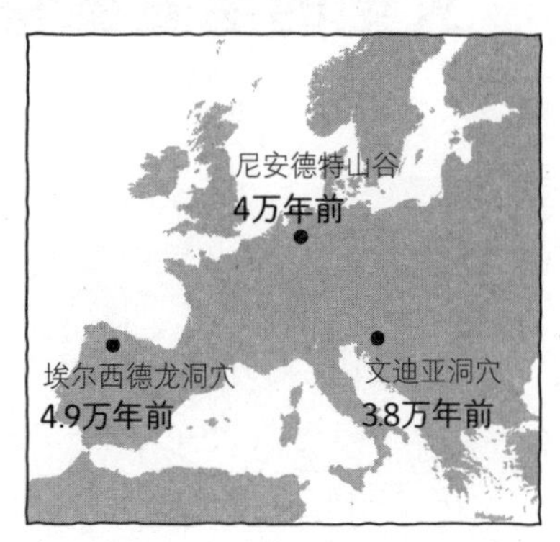

图 1-14 发现尼安德特人遗骨的地点

通过对这些骨骼的DNA进行分析，科学家们有了非常惊人的发现。尼安德特人和我们现在的人类是完全不同的人种，是从祖先人类分支出来的一个人种，并且已经灭绝。但有趣的是，从遗传基因的组成结构来看，尼安德特人与现代人的祖先最少在两个地方存在杂交（图1-15A）。桑族人生活在南非，约鲁巴族人生活在西非。

途经埃及前往欧亚大陆的人类，分别前往亚洲、大洋洲以及欧洲（图1-15B）。而尼安德特人与现代人祖先进行杂交的地区，第一次在现代人祖先刚刚走出非洲之后不久的地方，也就是现在的以色列及其周边的地区。而第二次则在人类进入欧洲之后，在欧洲地区进行了杂交。之所以这么说，是因为桑族人和约鲁巴族人完全没有尼安德特人的遗传基因，但在我们现在这些人类的遗传基因中却含有尼安德特人的遗传基因。也就是说，尼安德特人虽然灭绝了，却因为与现代人的祖先进行过杂交，所以仍然在我们的体内残留有遗传基因。

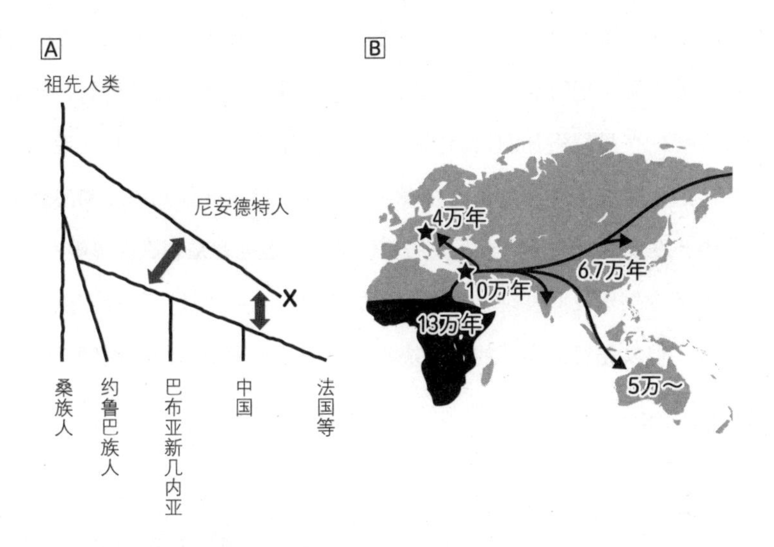

图 1–15　尼安德特人与现代人

Green RE, et al：Science, 328：710–722, 2010をもとに作成。
★：ネアンデルタール人と現生人類の祖先の交雑。

丹尼索瓦人遗传基因之谜

在俄罗斯发现的骨骼

尼安德特人的话题告一段落，接下来让我们再来看另一个有趣的故事。这个故事与在俄罗斯的丹尼索瓦洞穴中发现的骨骼有关。说是骨骼，实际上只有一小块骨骼的碎片。因为是在丹尼索瓦洞穴发现的，所以人们将其命名为丹尼索瓦人。这又是一个完全不同的人种，可以看作是尼安德特人分支出来的一个新人种。但对在丹尼索瓦洞穴之中发现的骨骼进行分析后，却发现与现如今居住在丹尼索瓦洞穴周围的人之间几乎没有共同点，却与现在中国西藏地区的人有一些共同点。而在现如今生活在巴布亚新几内亚和澳大利亚的人体内，发现残留有丹尼索瓦人的遗传基因。这究竟是怎么回事呢？

因为至今仍然没有发现丹尼索瓦人的头盖骨，所以还不能确定他们究竟是什么人。但仅凭目前发现的一小块骨骼，对从上面提取出的微量DNA进行调查，也能发现许多信息。

让我们再来复习一下（图1-16）。人类走出非洲之后，扩散到欧亚大陆，关于这一点现在大家已经很清楚了。丹尼索瓦洞穴位于俄罗斯的中心区域。而从上文中的内容可以得知，丹尼索瓦人还活着的时期，人类已经抵达了澳大利亚。虽然我们并不知道丹尼索瓦人是如何移动并且与现代人的祖先相遇的，但我们知道现代人随后扩散到了整个世界。那么，在当今世界上，有多少人的体内残留着尼安德特人的遗传基因，又有多少人的体内残留着丹尼索瓦人的遗传基因呢？让我们接着往下看。

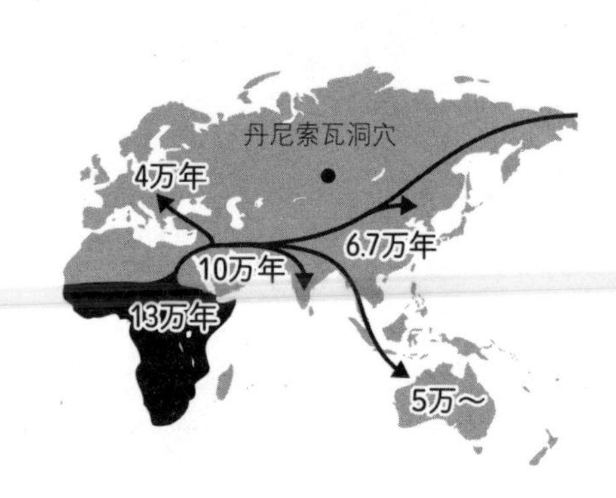

图 1–16　人类的移动与丹尼索瓦人

在澳大利亚的遗传基因

正如前文中提到过的那样，堪称DNA遗产的尼安德特人的遗传基因仍然存在于除了非洲人之外的现代人类体内。生活在欧洲、亚洲以及美洲大陆上的人，平均体内DNA的2.5%是尼安德特人的遗传基因。也就是说，不管美国人、俄罗斯人、英国人还是日本人，体内都平均拥有2.5%的尼安德特人的遗传基因，因为在现代人的祖先走出非洲之后不久就和尼安德特人进行了杂交。

那么，丹尼索瓦人的遗传基因在哪里呢？答案是在澳大利亚的土著居民身上有很多。除此之外，在巴布亚新几内亚人体内也有很多丹尼索瓦人的遗传基因。更神奇的是，菲律宾的尼格利陀人体内也残留有丹尼索瓦人的遗传基因。但俄罗斯人体内却没有，中国人体内也没有。因为在俄罗斯境内发现了丹尼索瓦人的骨骼碎片，所以丹尼索瓦人显然曾经居住在俄罗斯。但是在发现骨骼碎片的周围地区却完全找不到丹尼索瓦人残留的遗传基因。这也是目前科学家们正在研究的课题之一。

问 为什么在东南亚没有丹尼索瓦人的遗传基因？

很奇怪吧，既然在巴布亚新几内亚和澳大利亚发现了丹尼索瓦人的遗传基因，那他们在移动过程中一定会途经东南亚地区，并且与现在的人类相遇。为什么在东南亚完全找不到丹尼索瓦人的遗传基因呢？原始时代没有飞机，丹尼索瓦人不可能是从俄罗斯飞到澳大利亚的。那么，他们的遗传基因是如何从俄罗斯跨越到澳大利亚的呢？请大家思考一下这个问题。

为什么在东南亚没有留下遗传基因？

答案请见图1-17。少部分丹尼索瓦人移动到印度洋沿岸。现代人的祖先随后从中亚地区南下来到如今东南亚地区定居。

丹尼索瓦人的遗传基因之所以没有留在东南亚，是因为当时穿过东南亚前往澳洲大陆的只是极少数人。在移动途中，丹尼索瓦人与现代人的祖先进行了杂交，带有双方遗传基因的后代前往巴布亚新几内亚以及澳大利亚定居，最终成为现在的人类。

图 1-17 丹尼索瓦人与现代人

★：デニソワ人と現生人類の祖先の交雑。

图1-18是整体的流程图，首先是现代人的祖先与尼安德特人进行了杂交，这些人的后代扩散到了亚洲大陆。丹尼索瓦人也一样。虽然丹尼索瓦人先一步抵达东南亚地区，但却是在巴布亚新几内亚及其周边地区与现代人的祖先进行了杂交，并且最终发

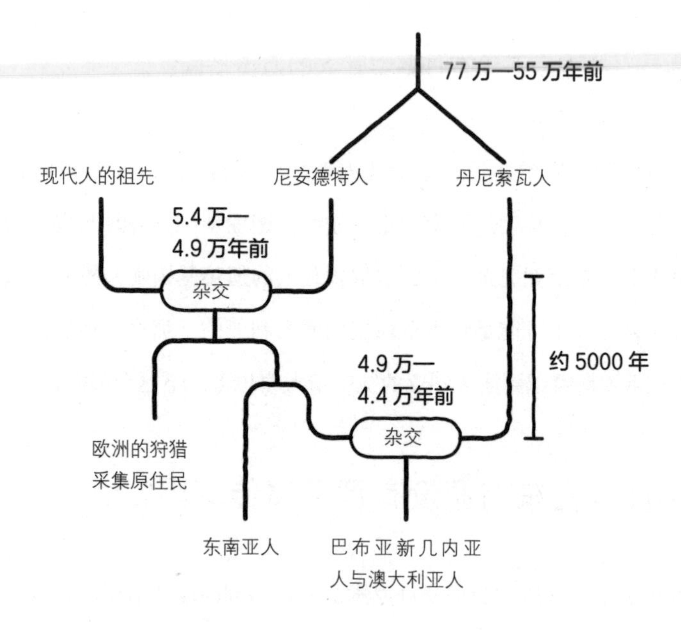

图 1-18 人类的变迁

「交雑する人類―古代DNAが解き明かす新サピエンス史」（デイヴィッド　ライク／著、日向やよい／翻訳）NHK出版、2018をもとに作成。

展进化为现在的澳大利亚原住民。因为尼安德特人和丹尼索瓦人的遗传基因十分相似，所以可能是在距今70万年前分支出来的两个人种。

上述人种的发现对研究现代人的进化史做出了巨大的贡献。像这样的例子还有很多，只要继续发现类似的信息，一定会对人类的研究提供更大的帮助。

猛犸象为什么灭绝了?

在本章的最后，用已经灭绝的猛犸象的故事来做个收尾吧。因为猛犸象灭绝的时间距今只有大约1万年，所以能够从其骨骼化石中提取出DNA。可能有人会想，将猛犸象的DNA和现代大象的DNA相结合，是否就能够使猛犸象再次复活呢？这属于**合成生物学**的范畴。如果不考虑伦理道德的问题，单从技术的角度来说是可以做到的。

图1-19A是大象的系统树，非洲象是体型最大的大象。这也是最早的一个分支，随后在亚洲又分支出了亚洲象和猛犸象。猛犸象进化成为能够适应寒冷环境的大象，所以身上有很多长毛。

关于猛犸象灭绝的原因，请看图1-19B。猛犸象的个体数量在1万年前归零。那么，1万年前到底发生了什么呢？答案是北极地区的气温急剧上升。也就是说，猛犸象是因为气温上升而灭绝的。当然，这里说的气温上升，并不意味着北极变成像非洲那么热。之前北极的气温在-50℃左右，升温后

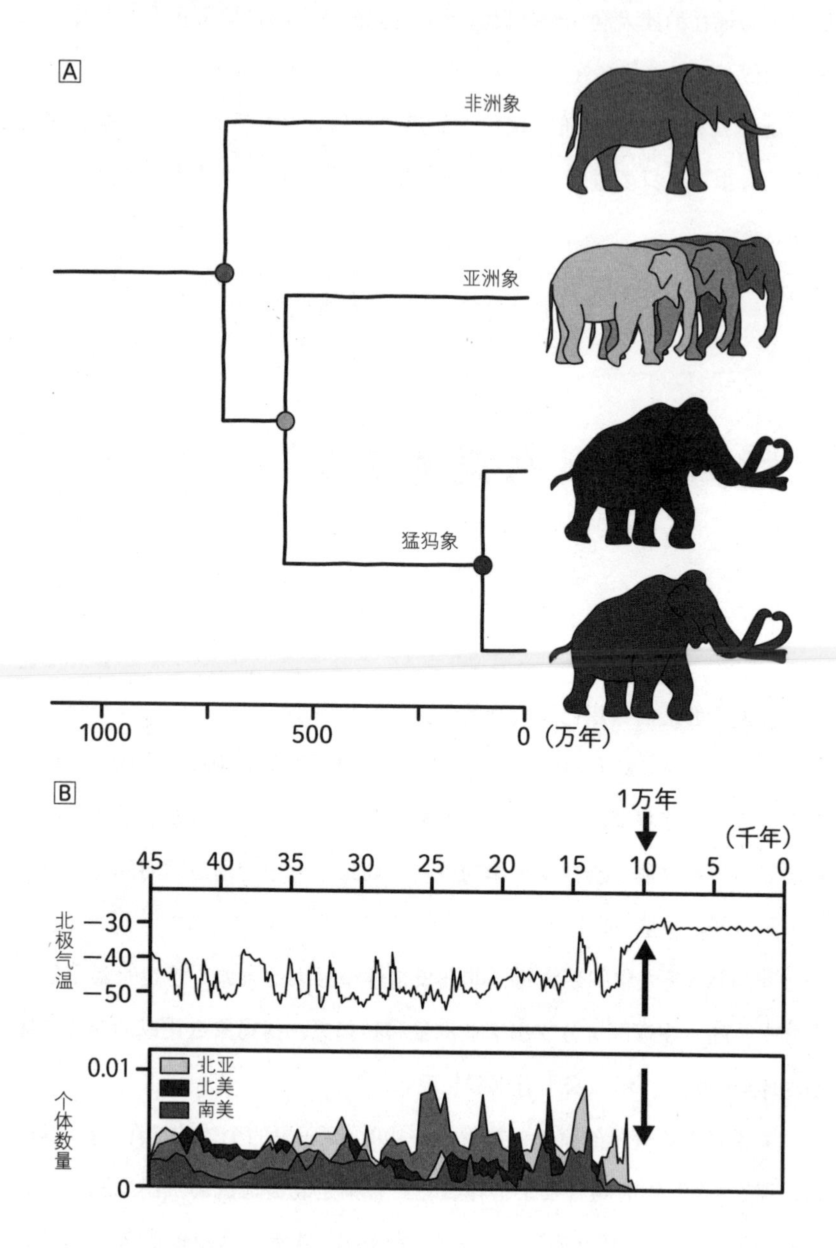

图 1–19 大象的系统树与猛犸象的个体数量

Lynch VJ, et al：Cell reports, 12：217–228, 2015をもとに作成。

达到-30℃左右。而已经适应了-50℃的猛犸象在气温上升到-30℃之后就灭绝了。

这个说法有科学依据吗？答案来自对猛犸象遗传基因的调查。因为猛犸象的体内有一种特殊的遗传基因变异，使其和现在的大象相比更喜欢生活在寒冷的地区。所以猛犸象才能够在-50℃的严寒地区生存。像这样，通过对DNA的分析就可以在一定程度上把握动物灭绝的真相。

【36页问题的解答】

B-F、D-G、E-D，共3次。

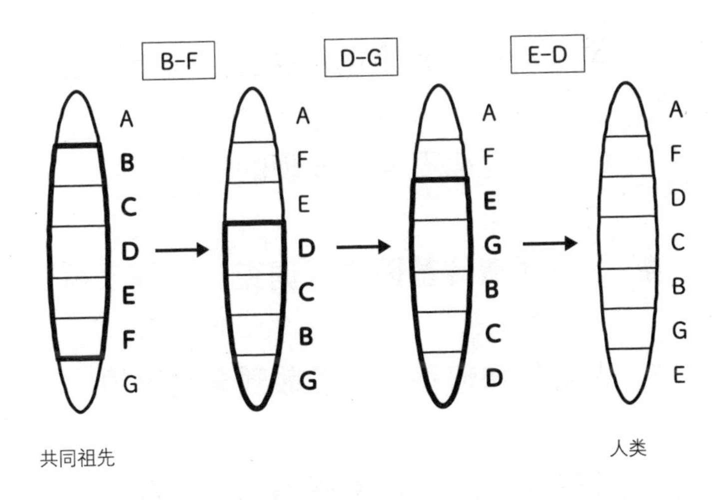

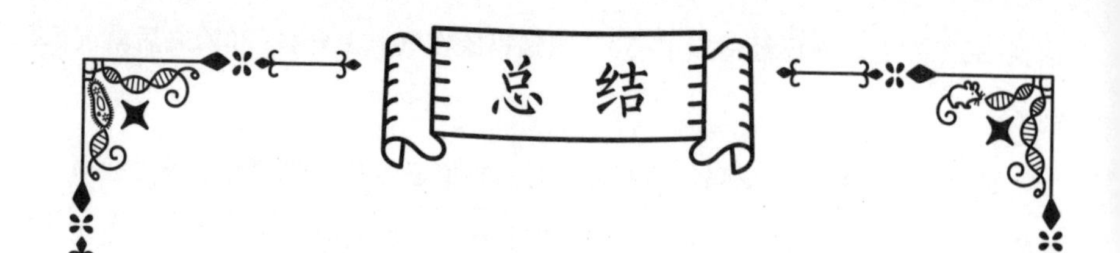

- 人类之所以与共同祖先的染色体数量不同，是因为出现了DNA的转座。
- 通过对遗传基因进行调查，可以发现许多仅凭化石无法发现的信息。
- 通过对遗传基因进行调查，能够了解人类是如何移动并扩散到全世界的。
- 如果不考虑伦理道德的问题，单从技术的角度来说，完全可以使已经灭绝的生物复活。

第 2 章

遗传的故事

什么是遗传?

在本章中，我们将共同学习遗传的相关知识。简单说，**遗传就是父辈将性状传递给子辈**。性状是生物所有的性质和特征，一般指的是从外表能够看出来的特性。

比如，姥姥和妈妈的小指都很长，但爷爷和爸爸的小指很短，孩子的也很短。在这种情况下，就可以考虑是受遗传的影响。很多情况下仅凭观察就能看出外表的性状是否属于遗传。

小指变短了?

大家知道我们的小指有什么作用吗？为什么有的人小指长而有的人小指短呢？其实小指是用来抓住树枝的，如果将人类的小指与猴子的小指进行对比，就会发现猴子的小指更长。小指长更有利于抓紧树枝，不会从树上掉下来。而人类因为已经从树上来到了地面，所以小指也就越来越短。从这个角度来说，小指越短的人进化得越完整。

孟德尔的大发现——显隐性定律

没有中间性状

著名的生物学家孟德尔（1822—1884）将光滑的圆豌豆和不光滑的扁豌豆进行杂交，结果发现，后代豌豆是光滑的圆形。也就是说，**子辈并不会变成父母的中间性状，而是继承其中一方的性状**。孟德尔最初将子辈继承的性状称为优势性状。也就是说，当存在两个性状时，被子辈继承的一方处于优势。但实际上，两种性状之间并没有优劣之分，所以现在更普遍用显性和隐性来加以区分。

之所以会出现这种情况，完全是由遗传基因决定的。子辈的遗传基因分别来自父亲和母亲。光滑的圆豌豆具有“A”的性状和“AA”的遗传基因。不光滑的扁豌豆具有“a”的性状和“aa”的遗传基因。在这种情况下，从父母双方分别遗传一个性状的子辈就拥有了被称为杂合的“Aa”遗传基因。Aa也是光滑的圆豌豆（如果从双亲处遗传了相同遗传基因，则被称为纯合）。也就是说，光滑圆形的“A”是显性基因。孟德尔认为，根据上述规律，能够对所有的杂交结果进行解释和说明。

孟德尔的结论与实际情况稍有不同

现在，人们发现豌豆的形状取决于某种酶（合成支链淀粉所需的分支酶）。淀粉颗粒的大小决定了豌豆的形状。从豌豆整体来看，光滑的圆形相对于不光滑的扁形是显性基因。

但用显微镜仔细观察就会发现，实际上存在3种形态（又大又圆；大但不规则；小且不规则）的淀粉颗粒（图2-1）。将淀粉颗粒又大又圆的豌豆与淀粉颗粒小且不规则的豌豆杂交，会出现中间型（大但不规则）的豌豆。这种中间型被称为不完全显性。但如果只从外观来看，豌豆只有光滑的圆形和不光滑的扁形两种。在上一节中提到，孟德尔认为子辈并不存在中间性状，那么现在看来实际情况与他的结论稍微有些不同。

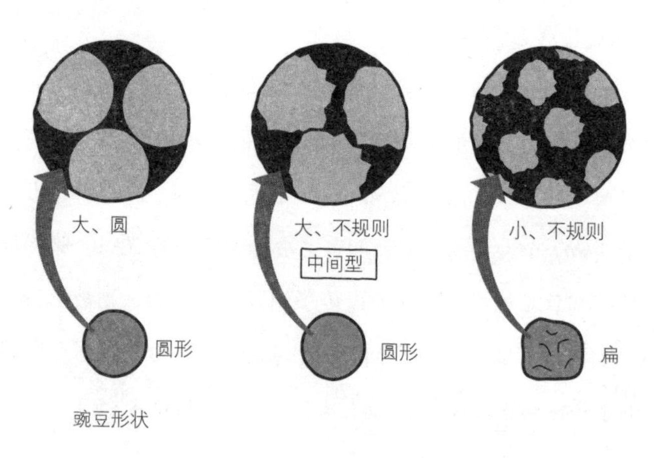

图 2-1　豌豆的性状

遗传还是不遗传?

众所周知，孩子的长相多少都有和父母相似的地方。这也能用遗传来解释吗?

问 请在以下项目中区分出遗传和不遗传的项目

- 面容（头发、眉毛、眼皮、颧骨、酒窝、雀斑、体毛）
- 全身骨骼
- 长寿
- 癌症体质
- 歇斯底里
- 创意思维
- 音乐才能
- 数学才能

这些都能用遗传来解释说明吗？大家也可以试着列举一些遗传的性状。比如身高是遗传的吗？当双手十指交叉时，右手的拇指在上还是左手的拇指在上，这也是遗传的吗？关于遗传还有许多有趣的内容，大家不妨去调查一下看看吧。

简单来说，面容、全身骨骼这些似乎都会遗传。除此之外，血型也受遗传的影响。而歇斯底里、创意思维、音乐和数学才能等则与遗传无关。创意思维只有努力学习的人才能拥有。音乐和数学的才能可以通过练习获得。这些都受环境因素的影响。但长寿和癌症体质，这两个就很难区分。科学家们也在对其是否属于遗传性状展开研究。

为什么长得像父母？——显性遗传

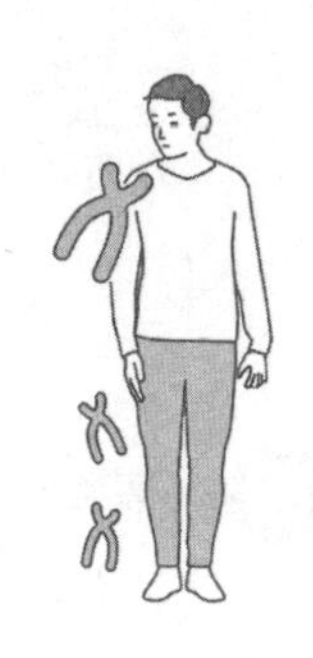

让我们先从最简单的遗传开始。一个健康的男性和一个健康的女性结婚，生下来的婴儿也健康（图2-2A）。这是理所当然的事情。那么一个有疾病的男性和一个健康的女性结婚，生下来的婴儿也有和男性一样的疾病（图2-2B）。在这种情况下，婴儿的疾病就是遗传的。反之也一样，如果女性有疾病，婴儿也有和女性一样的疾病，这也是遗传导致的（图2-2C）。像这样的遗传被称为**显性遗传**（虽然隐性遗传也有像B、C那样的情况，但因为十分少见，所以在此处省略）。显性遗传就是生出来的孩子拥有和父母同样的性状，这是最容易理解的遗传。

以显性遗传的疾病为例进行思考会发现，在从父母分别获得的一对遗传基因之中，**如果其中一个出现异常，孩子就会患有疾病**。健康的人拥有两个正常的遗传基因。而患有疾病的人则肯定有其中一个遗传基因是异常的。

A
健康的男性
健康的女性
健康的婴儿

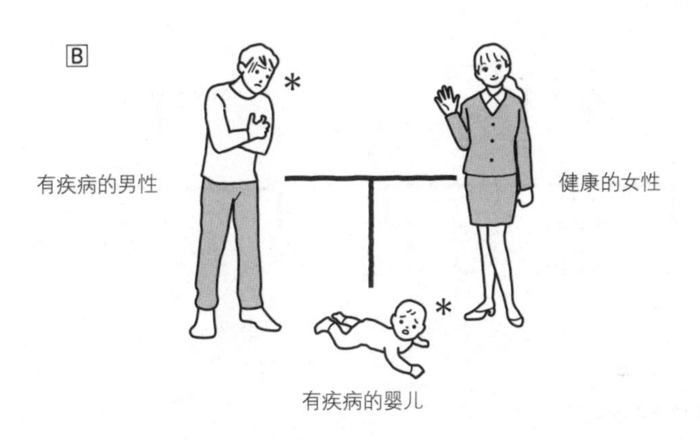
B
*
有疾病的男性
健康的女性
*
有疾病的婴儿

C
*
健康的男性
有疾病的女性
*
有疾病的婴儿

图 2–2　遗传的示例

请看图2-3。如果这两个人结婚，会生出什么样的孩子呢？因为遗传基因必定是一个来自父亲，另一个来自母亲，所以从健康的父亲那里获得的遗传基因都没有问题。但如果从患有疾病的母亲那里获得的是异常的遗传基因，那么这个孩子也会患有疾病；反之，这个孩子则是健康的。也就是说，在显性遗传的家族之中，如果父母双方其中只有一方患有疾病，那么生下来的孩子就有一半的概率也患有同样的疾病。此外，**在这个家族中，有一半的成员都会表现出和父母双方其中之一相同的性状。**

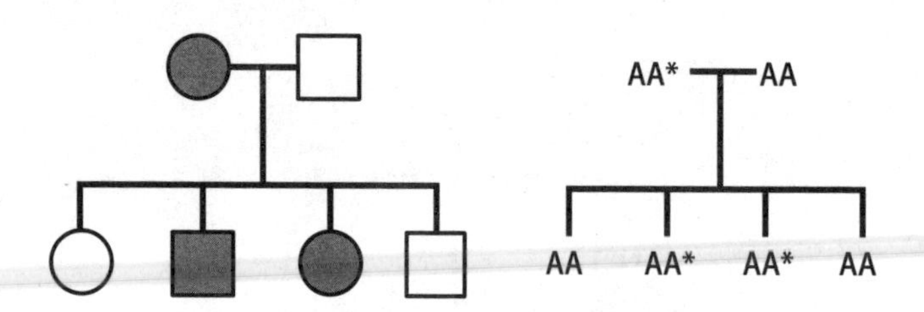

图 2-3 显性遗传的机制

*は異常な遺伝子。家系図は、○が女性で□が男性です。夫婦は横線で結び、縦線は子どもを表します。縦線から枝分かれしたのが兄弟姉妹です。

疾病的遗传基因为何能保留下来

有一种叫亨廷顿病的疾病。如果遗传了带有这种疾病的遗传基因就一定会发病并且会导致死亡。那么，在父母双亲之一患有亨廷顿病的家族中，孩子就有一半的概率也患有亨廷顿病。但这是一旦发病就必死无疑的绝症，请大家仔细地想一想。如果带有这种遗传基因的人一定会病发身亡，那么这种遗传基因不就会被从人类的遗传基因中淘汰掉了吗？也就是说，患有这种疾病的人会在自然选择中遭到淘汰，最后彻底消失。可是为什么这种疾病的遗传基因却保留下来了呢？答案是，患有亨廷顿病的人大多在中年才发病，而绝大多数的患者在发病之前就已经结婚生子。正因为发病的时间非常晚，所以亨廷顿病的遗传基因才没有受到自然选择的影响。如果某种疾病在婴儿时期就发病并且能够导致死亡，那么这种疾病的患者就没有办法结婚生子，并且将疾病的遗传基因传给下一代。但亨廷顿病的患者在结婚时完全没有症状，直到四五十岁才开始发病，所以亨廷顿病的遗传基因就这样一直保留了下来。

这竟然也是显性遗传

让我们再来看几个显性遗传的例子。这次不是疾病了。请大家观察一下自己的发际线，看看是不是 V 形的。V 形的发际线就是显性遗传，是完全符合孟德尔理论的遗传性状。

接下来再看耳朵。有的人耳垂大，有的人耳垂小。以前人们常说耳垂大的人有福。这个大耳垂其实也是显性遗传。

此外，在遗传学的教科书上还提到有一种手指特别短的人，这也是显性遗传。

为什么和父母不一样？——隐性遗传

一般来说，子女都和父母拥有同样的性状。但有时候，健康的男性和健康的女性结婚也会生出有疾病的孩子。孩子表现出和父母不同的性状，这究竟是怎么回事呢？

隐性遗传

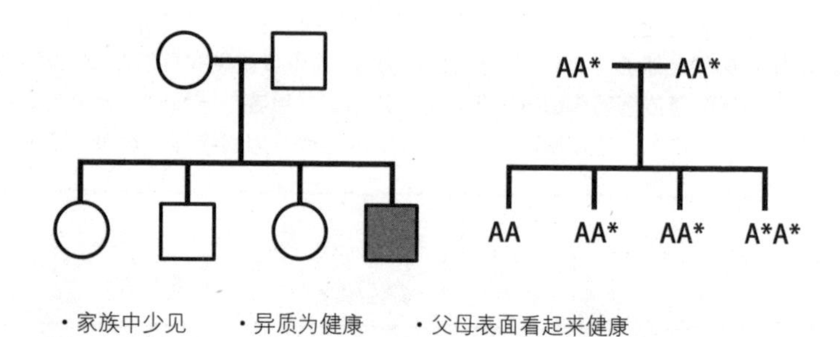

·家族中少见　·异质为健康　·父母表面看起来健康

图 2-4　隐性遗传的机制

实际上，绝大多数的新生儿疾病都属于此类。这种情况被称为**隐性遗传**。简单来说，即便是健康的男性和健康的女性结婚，也有可能生出患有疾病的孩子。当然，这个比例并不是家族中的一半，而是**只占很少的一部分**。为什么会出现这种情况呢？用遗传基因来解释的话就一目了然了（图2-4）。

隐性遗传只有在父母双方各拥有一个异常遗传基因的时候才会出现。而且只有同时获得父母双方异常遗传基因的孩子才会发病。只拥有一个异常遗传基因的孩子并不会发病。这一点和显性遗传不同。显性遗传只要获得一个异常遗传基因就会发病，但隐性遗传在这种情况下是不发病的。也就是说，**隐性遗传的杂合为健康**。所以父母双方从表面上看起来是健康的，发病的人在家族中十分少见。综上所述，遗传有两种模式，一种是显性遗传，另一种是隐性遗传。因为隐性遗传的父母都是健康人，所以对于生出有疾病的孩子会感到非常的惊讶。

有一种叫作泰-萨克斯病的疾病。患有这种疾病的婴儿严重的可能在2—4岁就夭折。这种疾病在犹太人中发病率最高，因为犹太人更倾向于和犹太人结婚。据说犹太人中新生儿患有泰-萨克斯病的概率为1/2500。这个疾病就属于隐性遗传的疾病。如果两个拥有杂合基因的健康人结婚，生出来的孩子中每4人中就有1个患有这种疾病。

请试着计算拥有异质遗传基因的人的比例

假设犹太人中拥有杂合基因的人的比例为1/X，因为两个拥有杂合基因的人结婚生出的孩子每4人中就有1人患有疾病，所以患病的人数为1/X × 1/X × 1/4。前文中提到犹太人新生儿患有泰-萨克斯病的概率为1/2500。代入算式后计算得出X=25。每25个人中就有一人拥有杂合基因。也就是说，每2500人中有1人患病的疾病，是因为每25个人中就有1人带有这种遗传基因。由此可见，**带有隐性遗传基因的人数还是挺多的**。一旦这样的两个人结婚，就有可能生出患病的孩子。或许大家认为这与自己没什么关系，毕竟只要父母双方有一个不带有疾病的遗传基因，孩子就不会生病。但从实际的数量上来看，这种情况还是挺多的。

隐性遗传基因的比例

最典型的隐性遗传之一就是听力衰减。听力衰减并不是完全的耳聋，而是随着年纪的增加听力越来越差。在日本，每100人中就有1个人患有听力衰减。不妨用刚才的方法来计算一下拥有杂合基因的人所占的比例吧。只需要简单地计算就能得出结果。算式是1/X × 1/X × 1/4=1/100。答案是X=5。也就是说，每5个人中就有1个人拥有听力衰减的遗传基因。这说明每个人都可能携带着隐性遗传疾病的遗传基因，希望大家能够记住这一点。

举了这么多例子都是与疾病有关的，但这并不意味着隐性遗传都是坏事。如果天才的遗传基因也是隐性遗传呢？父母都不是天才，但都带有天才的隐性遗传基因，那么他们生出的孩子就很有可能是一个天才。

杂合基因不会发病

为什么隐性遗传的杂合基因不会发病呢？每个人都拥有两两成对的遗传基因，正常的遗传基因能够产生正常的蛋白质。假设异常的遗传基因不能产生蛋白质，那么这会导致什么样的结果呢？在杂合的情况下，相当于人体内只有50%的产能。正常应该产生100%的蛋白质，而杂合就只有50%的蛋白质。但人类一般情况下只需要10%的蛋白质就能够生存。从这个意义上来说，即便只有一半的蛋白质也没有任何问题。所以隐性遗传的情况下即便拥有杂合基因的人也是健康的。但如果两个都是异常的基因会怎样呢？答案是人体内就完全无法产生蛋白质，那么在这种情况下就会发病。因为遗传基因完全丧失了功能，所以隐性遗传导致的疾病也被称为loss of function（功能丧失）疾病。

综上所述，**拥有杂合基因的人，如果是显性遗传的话就会发病，而隐性遗传则是健康人**。大家理解这一点之后们就可以进入下一节的内容了。

隔代遗传是隐性遗传？

关于遗传还有一个老生常谈的话题，那就是隔代遗传。这是间隔一代人才表现出来的性状。比如图2-5的家族，有爷爷奶奶和爸爸妈妈。奶奶是单眼皮，其他人都是双眼品，但孩子却是单眼皮。像这样间隔一代人才出现单眼皮，孙辈和祖辈相似的情况就被称为隔代遗传。隔代遗传的情况其实很常见，用隐性遗传的理论就很好解释。

隔代遗传是隐性遗传，也就是说爷爷奶奶和孙辈具有相同的性状（在上述例子中为奶奶）。正如前文中提到过的那样，隐性遗传要想表现出来，必须是两个成对的遗传基因全部异常，如果只有一个异常是不会表现出来的。假设现在一个患有遗传疾病的人和一个完全健康的人结婚，那么他们生出来的孩子就拥有杂合的遗传基因。但在隐性遗传的情况下，异质表现为正常，所以孩子表面看起来仍然是健康的。如果这个孩子再和拥有同样杂合基因的人结婚，就可能生出同时拥有两个异常基因的孩子。这就能够**证明隔代遗传属于隐性遗传**。通过这个例子也可以使我们认识到遗传基因对性状的影响。

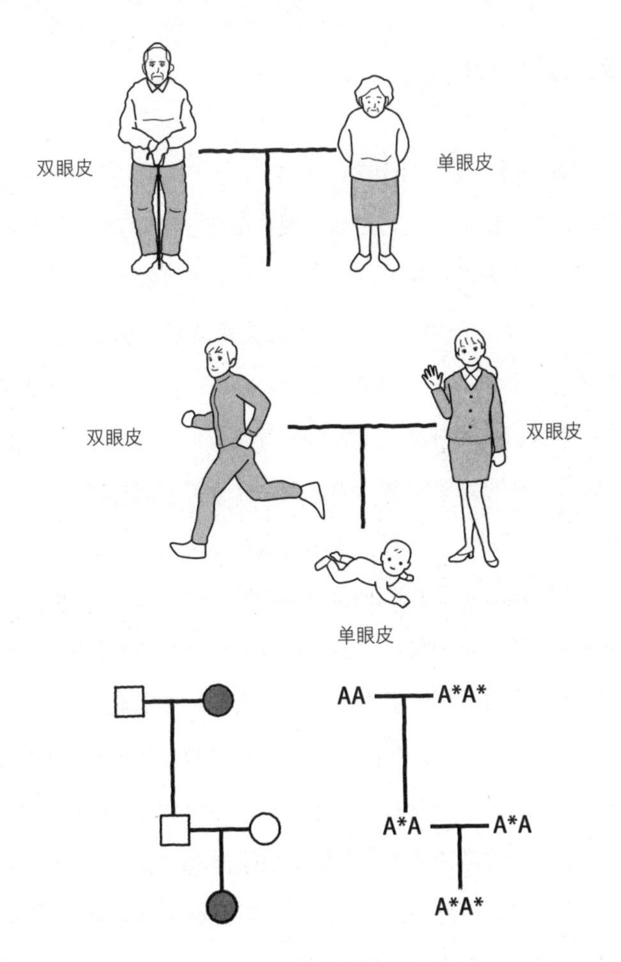

图 2-5　隔代遗传

遗传基因
并不是一直发挥作用

遗传基因的开关

遗传基因并不是一直在工作的，很多情况下，遗传基因并不会发挥作用，这被称为遗传基因的开关。比如我现在虽然已经秃顶了，但我以前可是有头发的。让我长头发的遗传基因在我小的时候开关是打开的。但随着我年纪的增加，这个开关也逐渐关闭了，我的头发就越来越少。由此可见，即便拥有这个基因，但如果其关闭的话就不会发挥作用。**任何组织的DNA都一样**，所以在提取DNA的时候，不管是从身体任何一个部位提取都可以，手上、脚上、胸口、头顶，哪里都一样。但为什么拥有同样的遗传基因，我们的手、脚、胸和头却完全不同呢？这是因为在不同组织中处于工作状态的遗传基因不同。所以我们必须了解在相应的组织中哪些遗传基因是打开的。

要想知道哪些遗传基因是打开的，只要调查由其产生的RNA即可。RNA是处于工作状态的遗传基因产生出的物质。比如对红细胞、晶状体以及胰脏等许多部位的遗传基因进行调查发现，rRNA遗传基因（核糖体RNA）不管在哪里都是打开的，但血红蛋白的遗传基因只在红细胞中是打开的，在其他组织中都是关闭的。组成晶状体的晶状体蛋白遗传基因也只在晶状体中打开，胰岛遗传基因只在胰脏中打开。也就是说，**不同组织中的遗传基因的开关情况不同，处于工作状态的遗传基因也不同**。

后天会改变吗?

有一种叫作刺鼠的老鼠，一般情况下体毛呈漂亮的黄褐色而且体型较大，但在不同的环境下会变成体毛呈灰褐色且体型瘦小的刺鼠，这些刺鼠拥有相同的遗传基因。为什么会出现这样的变化呢? 原来问题出在食物上。如果喂刺鼠吃普通的食物，它们就会正常地长出黄褐色的毛而且体型较大。但吃含有叶酸或维生素B_{12}的食物长大的刺鼠就十分瘦小且呈灰褐色。由此可见，食物改变了刺鼠遗传基因的开关。因为这种变化是后天形成的，因此被称为表观遗传（epigenetics）。表观遗传是一种将后天获得的性状以遗传基因的形式传给后代的现象。从结论上来说，维生素关闭了刺鼠的遗传基因的开关，导致其无法长出黄褐色的毛。

接下来请大家思考。我们体内的所有遗传基因都是相同的，而且一生中基本都不会改变，不管我们如何努力都无法改变自己的遗传基因。但是，环境（食物、生活方式等）却能够改变遗传基因的开关。

请举出几个表观遗传的例子

努力学习会使头脑变得更聪明，这就是个典型的例子。因为努力学习会打开与学习相关的记忆遗传基因的开关。

还有什么例子呢? 大家对暹罗猫都不陌生吧。暹罗猫虽然身体全部的遗传基因都是相同的，但毛色有的地方是白色的，有的地方是黑色的。这就说明其不同部位的遗传基因的工作状态不同。寒冷的环境会促进黑色素产生。但暹罗猫只有毛发部分变黑，身体的皮肤仍然是白色的。所以，如果在暹罗猫出生后一直将其放在温暖的环境中，那么它的整个身体都是白色的，只有感到寒冷的地方会变黑。

用遗传基因来解释上述情况的话，酪氨酸酶遗传基因（与黑色素相关的遗传基因）具有温度感受性，在高温的环境下其活性会大大降低，从而无法产生色素，但在低温环境下则能够产生色素。所以，暹罗猫只有在接触到寒冷环境毛色会变成黑色。像这样控制遗传基因开关的方法，也可以应用在医疗领域。在治疗疾病时，只要将相应遗传基因的开关打开或关闭即可。

关键在于 3 的倍数

接下来即将为大家介绍的遗传基因的变异也有很多种。比如缺失就分为完全缺失和部分缺失（→第1章）。如果遗传基因缺失，就会导致功能缺失，最终引发疾病，这应该很好理解。但有趣的是，并不是缺失越多症状就越严重。一般来说，应该是缺失越多问题越大，但实际上却并非如此。如果遗传基因缺失部分的外显子（含有蛋白质合成信息的部分）是3的倍数，那么问题就不大。但要是3的倍数±1的话问题就严重了。因为mRNA是每3个为一组合成蛋白质的（→参见第3章）。

症状相同但原因不同

众所周知，高血压是由一种名为血管紧张肽的物质引起的。正常人体内这种物质很少，但如果遗传基因出现某种变异，就会产生大量的血管紧张肽，导致出现高血压。关于这个问题，还有一个很有趣的发现。血管紧张肽是由血管紧张肽原在血管紧张肽原酶的催化作用下断裂生成的。对高血压患者的遗传基因调查发现，有的人是血管紧张肽原的遗传基因出现异常，有的人是血管紧张肽酶的遗传基因出现异常。也就是说，虽然症状表现都是血管紧张肽过多导致高血压，但原因却完全不同。用专业一点儿的话来说，**不管是基质异常还是酶异常，都会引发同样的症状**。基质=血管紧张肽原，酶=血管紧张肽酶。年轻化的阿尔茨海默病也是同样的情况。

其他遗传基因的弥补

有的时候，可能导致人类出现严重疾病的遗传基因变异，在猴子和老鼠的身上却不会引发疾病。也就是说，**有的疾病并不是单一的遗传基因引发**

的，而是多种遗传基因相互作用引发的。同样的遗传基因变异，但在猴子和老鼠身上并没有引发疾病，可能是因为猴子和老鼠的其他遗传基因也出现了变异，弥补了这部分的异常。由此可见，动物疾病模型并不是万能的。

失去功能也是一种进化

我们人类在进化的过程中，有时候也会失去一些曾经拥有的功能。或许有人认为失去功能属于退化，但实际上失去这些功能之后才使得人类更加完整。比如动物拥有用于撕咬的咬合肌，但存在于这个肌肉之中名为肌球蛋白的遗传基因在人类体内就会失去功能。这对人类来说有什么好处呢？失去了撕咬的功能后，人类的咬合肌就会变得更小，而头部则会变得更大。也就是说，人类以降低咬合力为代价获得了更大的脑容量。

此外，胱天蛋白酶12失去功能，会降低患上致死性败血症等疾病的风险。进化也分为很多种情况，遗传基因的变异也有很多种，所以变异不一定都是坏事。

同时出现 3 种疾病

接下来，让我们来思考一个稍微有些复杂的问题。

问 有一个孩子同时罹患以下3种疾病。原因是什么呢？
①先天性肾上腺发育不良；②甘油激酶缺乏症；③慢性肉芽肿病

这几种都是非常严重的疾病。先天性肾上腺发育不良是婴儿一出生就缺乏许多激素（醛固酮、皮质醇、DHEA）的疾病。甘油激酶缺乏症是血液中的甘油过多，而合成脂肪和糖异生必不可少的甘油酸-3-磷酸不足的疾病。这两个就已经是非常严重的疾病，在此基础上还同时患有慢性肉芽肿病。慢性肉芽肿病是一种免疫功能缺乏症，人体无法消灭入侵的病原体而被反复感染，也就是白细胞无法杀死病菌的疾病。一般情况下，这些疾病不会同时出现在一个人身上，但现在这个孩子却同时患有这3种绝症，最终无力回天。科学家们对患者的遗传基因进行调查后有了惊人的发现。

最初谁也不知道为什么会出现这种情况。因为这3种疾病出现在完全不同的部位，而且是同时发病，简直让人难以理解。这是**遗传基因相邻所导致的**（图2-6）。先天性肾上腺发育不良、甘油激酶缺乏症、慢性肉芽肿病这3种疾病的遗传基因挨在一起，中间还夹杂着进行性假肥大性肌营养不良的遗传基因。这个孩子实际上并不是同时患有3种疾病而是4种，这4种疾病所在的

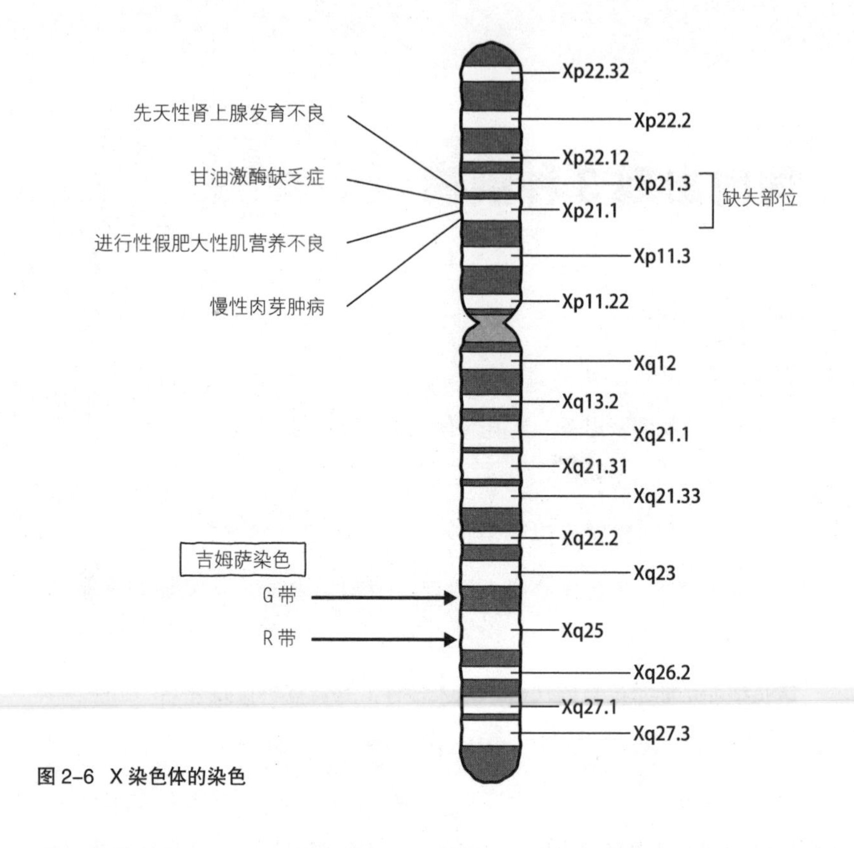

图 2-6 X 染色体的染色

遗传基因部分全部缺失（图2-6）。也就是说，因为在遗传基因上缺失了这部分，所以导致同时出现这4种疾病。

科学家们正是通过这个病例，才第一次发现**遗传基因的排列顺序可以解释多种疾病同时发病的原因。**

遗传基因的排列并不均匀?

如果用吉姆萨染液对染色体进行染色，就会出现如图 2–6 所示的条纹。黑色的部分叫作 G 带，白色的部分叫作 R 带。R 带上的遗传基因很多，G 带上的遗传基因较少。也就是说，遗传基因并不是均匀排列的，而是有的地方多，有的地方少。

为什么容易出现基因突变?

进行性假肥大性肌营养不良是一种非常严重的疾病，患者全身的肌肉都会逐渐萎缩，无法饮食，无法呼吸，甚至连心跳都逐渐停止。之所以名字中有“假肥大性”，是因为患有此病的婴儿在3—5岁时腿部肌肉会比普通人更大。即便父母都是健康人，生出来的孩子也可能患有这种疾病。这就是我们之前提到过的隐性遗传。但另一方面，**基因突变引发这种疾病的概率比其他任何疾病都高**。很奇怪吧？基因突变是毫无预兆的，即便父母都没有疾病的遗传基因，生出来的孩子也有可能因为基因突变而生病。

问 为什么进行性假肥大性肌营养不良的基因突变率最高?

请大家思考一下这个问题，为什么这个疾病的基因突变率最高呢？或许有人说，因为这个部位比较特殊，所以最容易出现基因突变。那么，为什么特殊呢？事实上，在我刚刚从学生成为研究者的时候就有人提出了这个问题，后来过了几十年都没人能给出答案。直到大家发现事情的真相时，才恍然大悟。真相究竟是什么呢？答案很简单，因为**进行性假肥大性肌营养不良的遗传基因是人类拥有的体积最大的遗传基因**。因为**基因突变是随机产生的**，所以体积最大的遗传基因出现突变的概率也最高。没想到吧，就是这么简单的道理，居然几十年都没人发现。但当这层窗户纸被捅破之后，关于遗传基因的研究就得到了飞速的发展。

来自母亲的遗传基因更多一些

线粒体遗传基因都来自母亲

男性和女性结婚之后生出的孩子，会分别继承来自父亲和母亲的遗传基因。绝大多数的遗传基因都存在于我们的细胞核之中，但也有大约0.5%的遗传基因存在于线粒体之中。线粒体的遗传基因并非来自父母双方，而是全部来自母亲。

这究竟是怎么一回事呢？当精子和卵子结合时，精子的核与卵子的核合二为一成为受精卵的核（图2-7）。也就是说，受精卵的核一半来自父亲，一半来自母亲。与之相对，线粒体在卵子中存在数百到数千个，在精子中只存在于中段的位置。精子与卵子结合后，中段迅速分解，受精卵中就只剩下母亲的线粒体。因此，**线粒体的遗传基因都来自母亲**。

也就是说，遗传基因并不是父亲和母亲各遗传50%，而是母亲的稍微多一些。如果母亲的线粒体有异常，就会使孩子患上遗传疾病。因为**母亲**

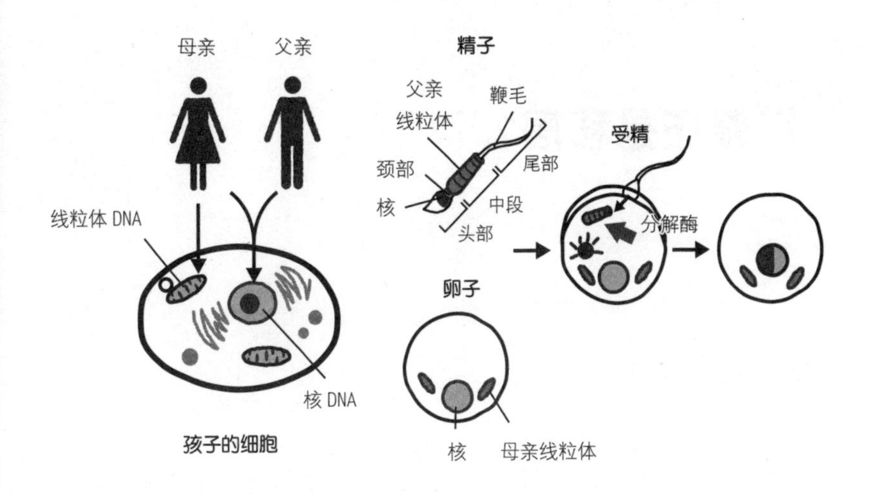

图 2-7　线粒体来自母亲

的线粒体与孩子的线粒体相同。所有的孩子都继承了和母亲相同的线粒体DNA。

Y染色体由父亲传给儿子

虽然线粒体都是来自母亲，但父亲身上也有独一无二的遗传基因，那就是Y染色体。拥有Y染色体的话就会成为男性，也就是说只有儿子才能继承Y染色体。

父亲只会将Y染色体传给儿子，女儿并不会得到Y染色体。但母亲的线粒体却是不分男女全都会传下去的。

征服还是移居？

维京人来袭

了解了上述内容之后，让我们来学习一下历史吧。通过遗传基因也能揭开历史的面纱。首先来看维京人的故事。在公元793年，维京人从挪威来到英国并袭击了当地的修道院。至于维京人来袭的原因，据说是因为北欧的人口增加导致土地不足，加之长子继承制度导致其他的儿子无家可归。许多年轻人都从挪威跑了出来。据说公元870年左右还跑到了冰岛。现在的科学家对冰岛人的DNA进行了调查。调查结果显示，冰岛人的线粒体DNA有60%来自当地人，40%来自挪威人。但Y染色体的DNA有70%来自挪威人，只有30%来自当地人。

这说明了什么呢？Y染色体是父亲只传给儿子的染色体。如果只看Y染色体的话，冰岛人的Y染色体有70%来自挪威，比线粒体DNA的占比更高。这说明挪威来的维京人征服了冰岛，这些维京人男性与当地女性结合并生下了后代。

如果整个维京家族都移居到某个岛上，那么这个岛上居民的Y染色体所占的比例与线粒体所占的比例应该是相同的。但如果只有维京人男性来到这个岛上，并与当地的女性结合生出后代，那么来自挪威的Y染色体所占的比例就会比线粒体所占的比例更高。也就是说，通过对这个比例进行调查就可以知道以前的人们究竟是征服还是移居。

请看图2-8。这是英国3个地区与冰岛的挪威遗传基因调查结果示意图。Y染色体的比例与线粒体比例相比差距最大的是冰岛和赫布里底群岛。也就是说，这两个地方曾经被维京人男性所征服。而设得兰群岛和奥克尼群岛，Y染色体的比例与线粒体比例基本相同。这说明维京人是举家移居至此。像这样的例子在世界各地还有很多，都可以证明当地在历史上究竟是出现过征服还是移居。

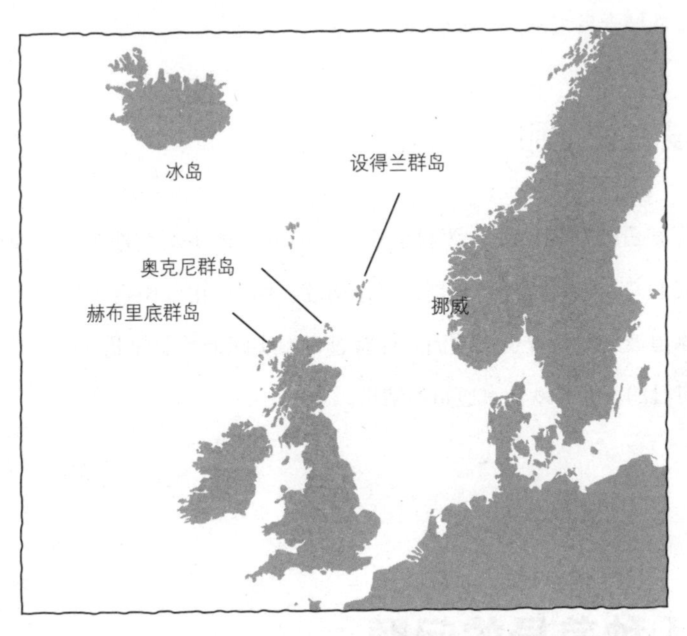

		线粒体	Y 染色体
家族移居	设得兰群岛	43%	44.5%
家族移居	奥克尼群岛	30.5%	31%
征服	赫布里底群岛	11%	22.5%
征服	冰岛	34%	75%

图 2-8　挪威遗传基因的比例

Goodacre S, et al.：Heredity（Edinb）, 95：129–135, 2005をもとに作成。

不是子孙后代?

秘鲁首都利马的居民认为自己是美洲印第安人的后代。但对他们的遗传基因进行调查后发现，他们95%的线粒体DNA都来自美洲的印第安人，但Y染色体的一半来自欧洲人。这说明什么呢？说明他们是欧洲来的男性与美洲印第安女性结合后生出的子孙后代。

没有被征服?

再来看波利尼西亚。波利尼西亚人的线粒体DNA全部来自东南亚。这说明他们并非来自南美，而是来自东南亚。而他们的Y染色体有1/3来自欧洲人。难道波利尼西亚也被欧洲人征服过吗？实际上并非如此，这只是当地人允许自己的女儿与欧洲人通婚的结果。

人种差异的问题

通过对男性和女性的遗传基因进行调查，就能发现人类迁徙的历史和轨迹。或许有人说：“我对这方面很感兴趣，可以做这方面的研究吗？”答案是不行。现在并不能做相关的研究。至于为什么不行，大家只要想一想就能明白。因为这种研究能够彻底区分出人种，导致世界上的人被分为不同的种类，加剧种族割裂和种族歧视。但从科学的角度上来说，也有人认为把握人种差异有利于医学研究。

可能有的读者已经知道，有一种药物对非裔美国人十分有效。但要想了解其中的科学根据，就必须对非裔美国人的遗传基因进行调查。这可以说完全是为了医学研究，实际上仍然难以执行。由此可见，要想查明人类的历史有诸多困难。

近亲结婚的特征

在本章的最后，让我们来看看近亲结婚的影响。大家听说过白化病吗？这是一种体内完全没有色素的疾病。就算年纪轻轻也头发全白，眼睛像兔子的眼睛一样是红色的。因为没有色素，所以很怕紫外线。这种疾病不止发生在人类身上，其他动物也有，比如大家听说过的白虎和白狮等。白化病属于隐性遗传的疾病。患有这种疾病的人，一般是具有血缘关系的人结婚后生下来的后代，也就是近亲结婚的后代。

问 请说出近亲结婚的特征

如图2-9所示，姐妹二人（3和6）分别与两名男性（4和5）结婚，生出来的儿子（7）和女儿（8）是表兄妹关系。如果这两个孩子结婚，那么生出来的后代（9）就是近亲结婚的后代。

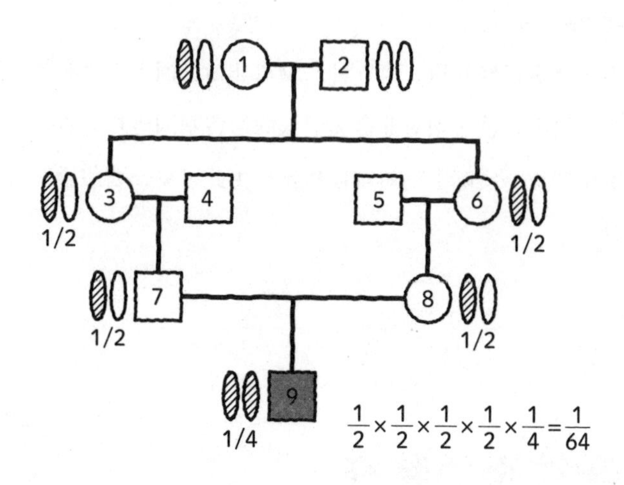

图 2-9 表亲结婚的家系图

请看图2-9中带斜线的遗传基因。可以将其看作是泰-萨克斯病的遗传基因。即便携带一个泰-萨克斯病的遗传基因，人仍然是健康的。如果父亲携带的泰-萨克斯病遗传基因刚好分别传给了两个女儿（3和6），然后这两个女儿又分别传给了他们的儿子（7）和女儿（8）。这样一来，分别携带一个泰-萨克斯病遗传基因的表兄妹结婚后生出的孩子（9）就有可能罹患泰-萨克斯病。患病的概率有多高呢？将全部概率相乘后得出的结果是1/64。由此可见，近亲结婚出现隐性遗传疾病的概率确实很高。

在日本，有2/3的隐性遗传疾病都是近亲结婚导致的。但日本并不禁止表兄妹结婚。可能有人认为，既然近亲结婚导致隐性遗传疾病的风险很高，就应该禁止。但如果将疾病的遗传基因换成天才的遗传基因又如何呢？那就是有1/64的概率生出天才儿童。由此可见，近亲结婚也不见得都是坏事。虽然出现隐性遗传疾病的风险更高，但也有出现好结果的可能性。这就是近亲结婚的特征。日本现在近亲结婚的情况已经越来越少，但在过去可是很常见的。

历史上的近亲结婚

图2-10是非常复杂的家系图。其中的哥哥与某位女性（1）结婚，生出两个女儿（5和6）。然后与第二位女性（2）结婚，又生下一个女儿。接着又与第三位女性（3）结婚，又生下女儿。因为十分想要个男孩儿，于是哥哥又和第四位女性结婚（4），这次终于生出了男孩儿。这位哥哥有一个弟弟，在

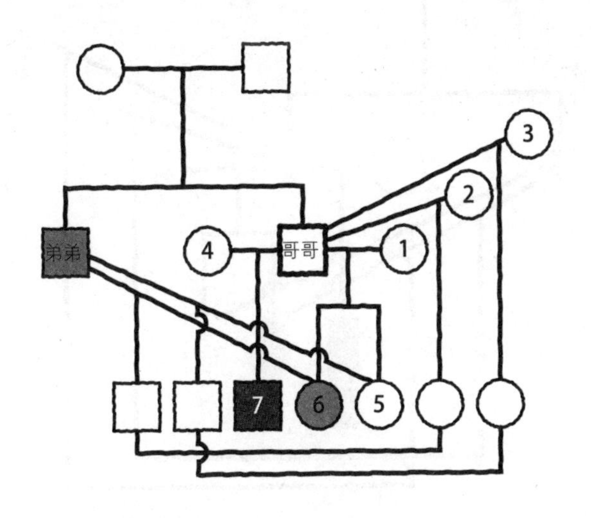

图 2-10　历史上的近亲结婚示例

他没生出男孩之前，曾经打算让弟弟继承家业。因此哥哥将自己的长女（5）和次女（6）都许配给了弟弟。

当哥哥有了亲生儿子之后，问题也随之出现。虽然他曾经决定让弟弟继承家业，但有了儿子后逐渐产生了让亲生儿子继承家业的念头。于是在哥哥去世之后，他的弟弟与他的亲生儿子之间爆发了一场冲突……大家是不是觉得这件事听起来有点儿耳熟?

这其实是历史上真实发生的事件（图2-11）。就发生在天皇家族之中。皇太子（大友皇子）与天皇的弟弟夫妇（后来的天武天皇、持统天皇）之间爆发了战争，最终天武天皇和持统天皇取得了胜利，史称壬申之乱。虽然弟弟取胜了，但他也为自己的继承人问题感到苦恼。他和天智天皇的长女生出的大津皇子是非常优秀的人，但因为大津皇子的生母大田皇女早早去世，因此他将自己和持统天皇生出的草壁皇子立为皇太子。后来在他去世之后，大

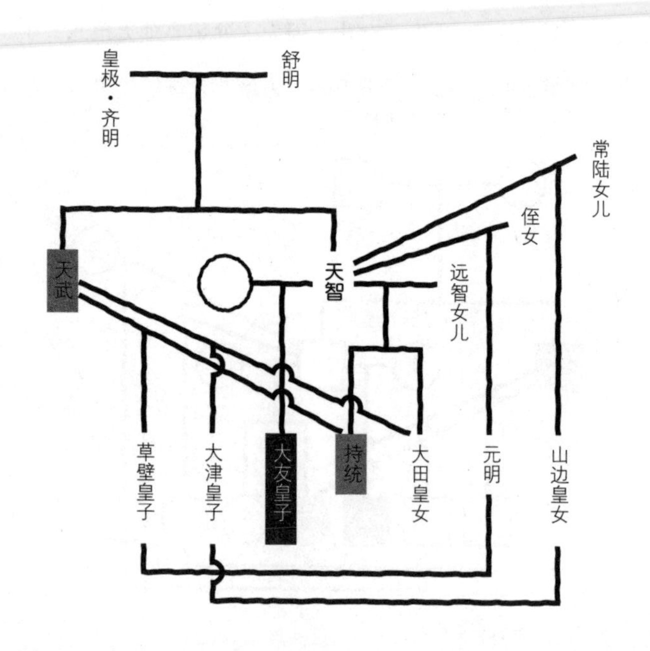

图 2-11 壬申之乱

津皇子被扣上谋反的罪名惨遭杀害，而草壁皇子也因为体弱多病而英年早逝（28岁）。真是个悲惨的结局呢。

只有男性有继承权的天皇家

天皇自古以来只有男性才能继承，天皇的女儿就算生了儿子也无法继任天皇（但父亲也具有天皇家血统的情况下则可以继承）。因为有这种男性继承制，所以历史上即便短暂地出现过女性天皇，她的子孙也没有继任天皇的资格。天皇为了保证能够有男性继承皇位，就必须多生孩子，也就必须娶许多皇后。一直以来的历史都是如此，明治天皇有十五六个皇后。但从大正天皇开始就变成了一夫一妻，一直持续到现在。

试着制作家系图吧

大家听说过以摄关政治而闻名的藤原氏吗？藤原氏将自己的女儿嫁给天皇。如果他的女儿生下男孩儿并继承皇位，就可以被藤原氏操纵，达到掌控政治的目的。而藤原氏为了掌握大权，必须想办法让自己的女儿生的孩子成为天皇。

以前女孩儿15岁左右就会进宫，甚至还有12岁就进宫的。但进宫后并不会立刻就生孩子。所以藤原氏必须等待自己送进宫去的女儿生孩子。女儿生出男孩儿的时候大约20岁，而这个时候藤原氏差不多40岁了，是否还有掌控政治的能力也是个问题。

而且刚出生的婴儿并不能继任天皇。皇子在15岁之后才能继任天皇。当皇子继任天皇之后，原来的天皇如果还活着就会成为太上皇，可以操纵年幼的天皇做很多事，身为外祖父的藤原氏也能趁机把持朝政。但当自己的孙子当上天皇时，自己的女儿（新天皇的母亲）已经35岁，身为外戚的自己差不多55岁。55岁是当时日本人的平均寿命。藤原氏要想通过摄关政治（日本平安时代中期的政治体制）来把持朝政，用上述的方法显然是不行的。那么，藤原氏是如何做到的呢？

为了让自己的孙子成为天皇，并且自己也能权倾朝野，应该怎么做呢？

如果想让自己的女儿生的孩子在15岁时成为天皇，自己趁机把持朝政，应该怎么做呢？大家也不妨来想一想吧。用家系图来帮助思考非常方便。在藤原氏的这个计划中，最关键的一环就是女儿。因为自己的女儿必须生出男孩儿才行。毕竟只有男孩儿才能继承皇位，所以女儿越早生出男孩儿越好。这就是藤原氏当时面对的最大难题，他应该怎么做呢？熟悉历史的人或许已经知道答案了。

请看图2-12A。首先从天皇的角度来说，比如第六十二代村上天皇，他肯定希望儿子越多越好，然后让儿子按顺序继承皇位。而对于藤原氏来说，则是让自己的女儿们和天皇的儿子们结婚并生下男孩儿，这样藤原氏就能有最大的机会把持朝政。

再来看天皇，他希望趁儿子还小的时候就成为太上皇，这样就可以帮助自己的儿子成为天皇。所以，他需要让自己的兄弟依次继任天皇，然后再逼迫兄弟们退位，最终就可以让自己的儿子成为天皇。村上天皇将皇位让给自己的儿子冷泉天皇之后，他的弟弟圆融天皇成为继任天皇。这样一来，接下

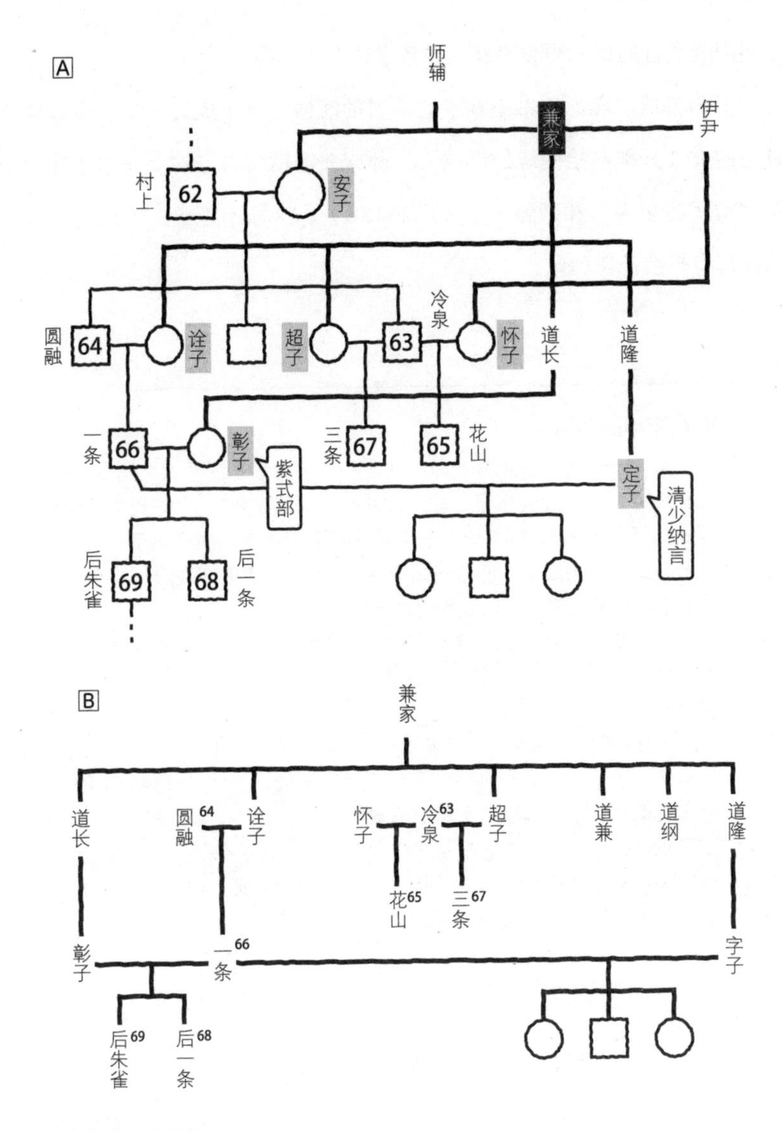

图 2–12　藤原氏与天皇家

来继任的是冷泉天皇的儿子，再接下来是圆融天皇的儿子，按顺序替换天皇的系统。这被称为两统迭立。对藤原氏来说，这或许是个很好的机会，对村上天皇来说或许也不错。但对整个皇家来说，这种制度却埋下了祸患。两统之间围绕皇位的继承纷争不断，导致了诸多的问题。

身为外戚的藤原氏希望在自己活着的时候让孙子成为天皇，所以他会让自己的女儿分别嫁给两统的继承人。藤原兼家就将自己的女儿超子和诠子分别嫁给了冷泉天皇和圆融天皇（图2-12B）。这样不管哪一方成为天皇，藤原氏都有机会把持朝政。

道长荣华的背后

第六十六代一条天皇有彰子和定子两位皇后。这两人之间发生的斗争，大家应该通过《源氏物语》和《枕草子》有所了解吧。《源氏物语》的作者紫式部属于彰子一派，《枕草子》的作者清少纳言则属于定子一派。一条天皇最喜爱的人是定子。但道长强行将自己的女儿彰子嫁给了一条天皇。因为道长在朝中势力强大，就连天皇也无法拒绝。

定子和一条天皇之间有一个儿子，这个男孩儿很有可能继承皇位。但道长希望自己的女儿生出的儿子继承皇位。经过残酷的政治斗争，最终定子落败。

定子 25 岁的时候一条天皇 21 岁，而彰子只有 13 岁，还没到能生孩子的年纪。因为一条天皇独宠定子，所以定子的儿子继任天皇的可能性很高。道长对此感到十分焦虑。于是他陷害定子的哥哥，将其流放荒岛。受此影响定子也被迫出家为尼。后来定子在生女儿的时候难产而死。尽管定子的儿子按顺序应该优先继承皇位，但因为舅舅在朝中失势，母亲定子也难产而死，没有后盾支撑，所以没能继承皇位。

在历史上像这样近亲结婚的例子数不胜数，不管是表兄妹结婚还是叔侄女结婚的情况都有。这样一来，后代患有遗传疾病的可能性就会很高。当然，像这样的情况现在也依然存在。感兴趣的读者只要找家系图看一看或许会有意外的发现。如今日本在法律上对近亲结婚有一定的限制，但以前的日本人却认为近亲结婚属于亲上加亲，能够加深两家之间的关系，是一件好事。

调查一下是否能够结婚吧

叔叔和侄女能结婚吗?

本章的学习内容告一段落，最后让我们来了解一些课外的知识吧。那就是用数字来表示血缘关系的浓度。这个数字又被称为“近交系数”，代表共同祖先的遗传基因纯合的概率。因为隐性遗传疾病的遗传基因如果纯合就会发病，所以这也意味着发病的概率。现在日本就根据近交系数来决定两人是否可以结婚。

那么，叔叔与侄女是否能够结婚呢？让我们通过遗传基因来思考一下（图2-13）。遗传基因是两个一组的。在两个一组的遗传基因中，带斜线的遗传基因是疾病基因，大家可以将这个看作是泰-萨克斯病的遗传基因。首先来计算一下带有泰-萨克斯病遗传基因的人生出的孩

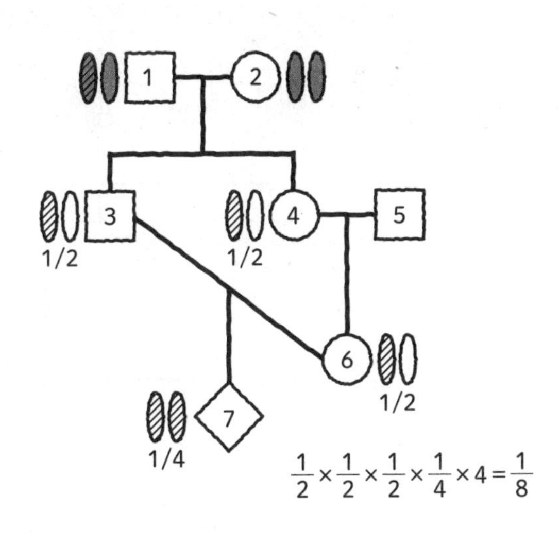

图 2-13　叔叔与侄女结婚

子出现纯合的概率。1的疾病基因来到3的概率为1/2，来到4的概率为1/2。从4到6的概率也是1/2。在这种情况下，7拥有两个泰-萨克斯病遗传基因的概率为1/4。也就是说，位于最上方的泰-萨克斯病的遗传基因（但第一代的这个人是健康的，因为这是隐性遗传疾病）在7的位置纯合的概率为1/32（将全部概率相乘）。但这是带斜线的遗传基因纯合的概率。而位于最上方的第一代的4个遗传基因中，任何一个都可以是疾病的遗传基因，所以必须将这个概率扩大4倍。这部分大家能够理解吗？位于最上方的4个遗传基因中，任意一个在最下方纯合的概率就是近交系数。所以，将刚才的计算结果1/32乘以4得出1/8，这就是共同祖先的遗传基因纯合的概率，也意味着近交系数为1/8。日本的法律规定，近交系数大于1/16就不能结婚。也就是说，现在日本不允许叔叔与侄女结婚。

表兄妹能够结婚吗？

表兄妹的情况就相对简单一些。家系图如图2-14所示。

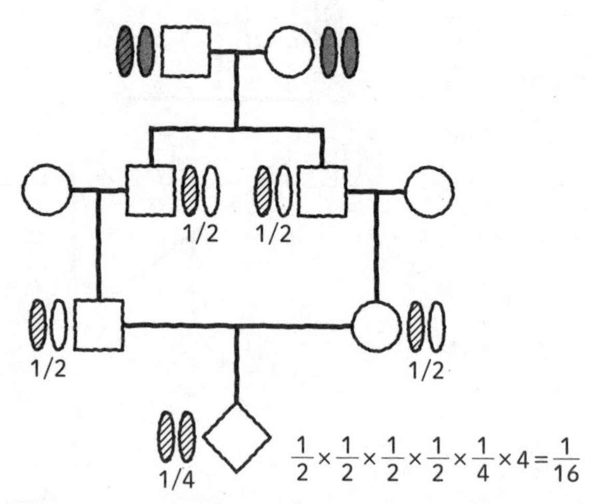

图2-14　表兄妹结婚

从结果来说，带斜线的遗传基因在表兄妹结婚生出的孩子纯合的概率为1/64。但疾病的遗传基因不仅限于这个带斜线的遗传基因，和叔叔与侄女结婚的例子一样，位于最上方的任何一个遗传基因都可能是疾病的遗传基因，所以最终结果也要扩大4倍，也就是1/16。根据日本的法律，如果大于1/16就不能结婚，但1/16的话是可以结婚的。像这样计算近交系数，就能够了解相互之间的血缘关系有多近。历史上比较著名的兄妹结婚有爱因斯坦和达尔文等人。

同卵双胞胎的情况

再来看一个稍微复杂的情况。如果前面提到的表兄妹结婚的家系图中的共同祖先生出来的兄弟是同卵双胞胎的话，结果如何呢？同卵双胞胎的遗传基因基本相同，所以从遗传的角度上来说可以看作是同一个人。也就是如图2-15所示的家系图。相当于同一个人分别和两个女人结婚并分别生出了一男一女两个孩子。那么，这两个孩子就是“同父异母”的兄妹。那么，同父异母的兄妹能结婚吗？因为同父异母兄妹的共同祖先只有两个灰色的遗传基因，所以这两个人的遗传基因出现纯合的概率为1/8。这意味着同卵双胞胎的后代和同父异母的兄妹都不能结婚。

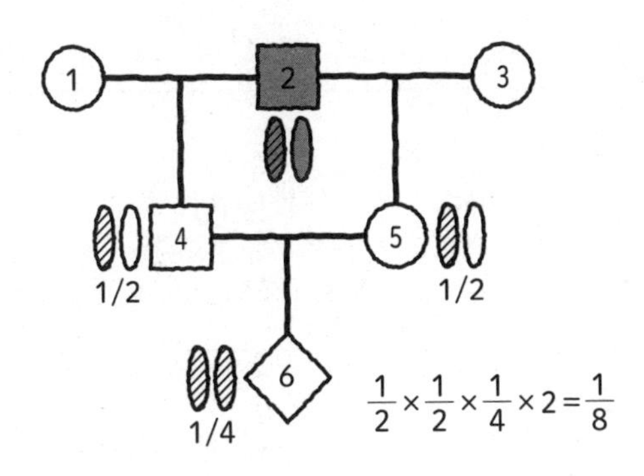

图 2-15　同父异母兄妹结婚

二重兄妹结婚

最后，让我们来思考一下图2-16所示的二重兄妹结婚的情况。一对夫妇有两个男孩儿（5和6），另一对夫妇有两个女孩儿（7和8），他们的孩子相互结为夫妻，一对生出男孩儿（9），另一对生出女孩儿（10）。那么，这两个孩子就被称为二重兄妹。这样的兄妹能结婚吗？请大家试着计算一下吧。答案是1/8，并不能结婚。

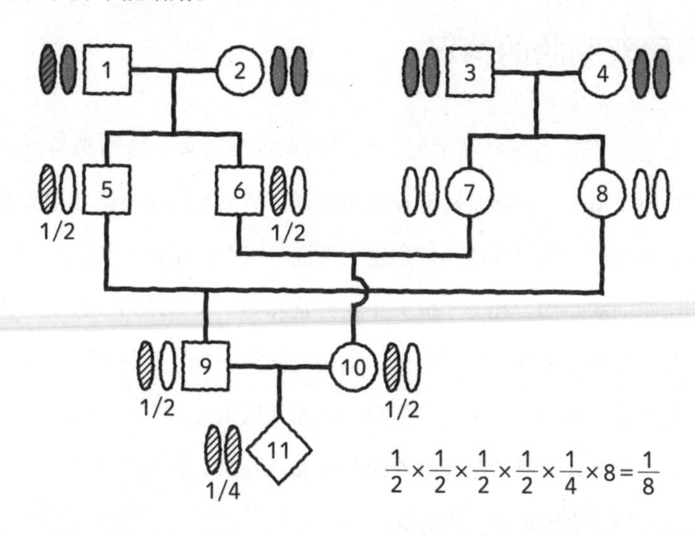

图 2-16 二重兄妹结婚

更少见的结婚

还有一种更少见的情况，那就是同卵双胞胎结婚。一般来说同卵双胞胎的性别是相同的，但也有极其罕见的情况，即其中一个是男孩儿，而另一个是女孩儿。因为是同一对父母生出来的后代，所以近交系数为 1/4。

本章为大家介绍了遗传相关的内容，因为遗传与许多方面的知识都息息相关，所以本章的内容希望大家都能牢牢记住。

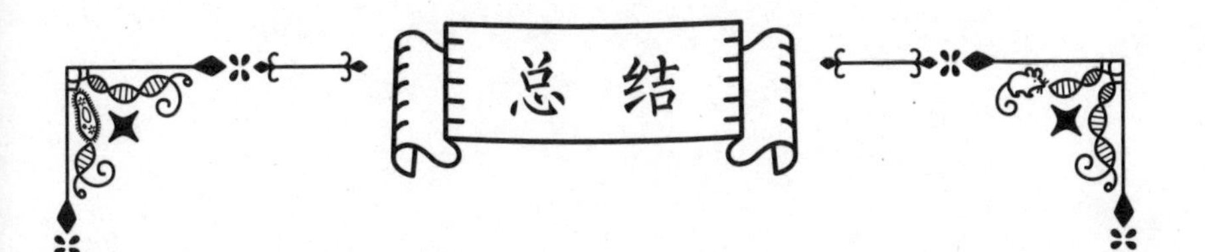

- 显性遗传的话，家族中的一半都会表现出性状，只要有一个遗传基因变异就会表现出来。
- 隐性遗传的话，家族中只有少数人会表现出性状，因为隐性遗传的遗传基因不会发挥作用，所以杂合的基因不会表现出来。
- 通过对线粒体和Y染色体的遗传基因进行调查，就能了解人类征服与迁徙的历史。
- 近亲结婚会提高隐性遗传疾病的发病率，但以前近亲结婚很常见。
- 现在日本的法律规定，只要近交系数不高于1/16就可以结婚。

第3章

DNA 鉴定与历史之谜

DNA、RNA与蛋白质的关系

本章我想来讲一讲遗传基因与DNA的内容。大家都知道DNA是双重螺旋的结构，但双重螺旋的DNA全都是遗传基因吗？答案是否定的。遗传基因只是其中的一部分，并且分散在各处。遗传基因产生的蛋白质组成了我们的身体。

正如第2章中提到过的那样，**遗传基因并不是从出生到死亡一直都在不停地产生蛋白质**。同一个人，在遗传基因完全没有改变的情况下，小时候的模样和长大成人之后的模样也大不相同。这就是因为不同的遗传基因只在特定时期工作。婴儿时期有婴儿时期工作的遗传基因，随着年龄的增长，不同的遗传基因也随之开始工作。但需要注意的是，**DNA是永远不变的**。

遗传基因究竟有多少？这个问题至今也没有定论。据说人体内能够产生蛋白质的遗传基因就多达2.1万个左右。但除此之外还有不产生蛋白质的遗传基因，比如后文中就将提到的只能产生RNA的遗传基因。这样的遗传基因被称为“非编码”，也就是不能对蛋白质进行编码的遗传基因。这样的遗传基因还有2万个左右。由此可见，我们体内约有2万个能够产生蛋白质的遗传基因，还有2万个不能产生蛋白质的遗传基因，数量可谓十分庞大。

DNA的规则结构

首先为大家介绍一下DNA的结构。DNA的结构如同两条锁链组成的双重螺旋。锁链由腺嘌呤（A）、鸟嘌呤（G）、胞嘧啶（C）、胸腺嘧啶（T）这4个碱基组成。虽然这4个碱基的排列组合完全随机，但在两条锁链之间却是有规律的。**A的对面一定有T，G的对面一定有C，**A和T，G和C总是成对出现。

DNA→mRNA（转录）

DNA的信息被转录进信使RNA（mRNA）之中，然后mRNA作为模板生成蛋白质（翻译）。虽然DNA有两条链，但转录两条链非常麻烦，只要转录关键信息即可。mRNA只会挑选一条链作为模板，被选为mRNA的这条就是关键链。转录后的mRNA虽然看起来和DNA基本相同，但T变为了U，也就是胸腺嘧啶（T）变为了尿嘧啶（U）。

mRNA→蛋白质（翻译）

蛋白质是以mRNA为模板生成的。从AUG开始每3个一组进行读取。这种读取方法能够决定被称为遗传密码的碱基序列所对应的氨基酸。比如从AUG开始就对应甲硫氨酸，从UUC开始就对应苯丙氨酸，从UCG开始就对应丝氨酸。我们体内的蛋白质就是通过这些遗传密码产生的。

综上所述，DNA是我们体内拥有的遗传基因，由从父亲那里获得的和从母亲那里获得的组成一对。碱基包括AGTC，但转录为mRNA之后T变为U。因为蛋白质是由mRNA产生的，所以**对工作的遗传基因进行调查时，只要调查mRNA即可**。要想调查全部的DNA，就要调查自身拥有的全部遗传基因。但如果只调查工作的遗传基因，就只需对mRNA进行调查（图3-1）。

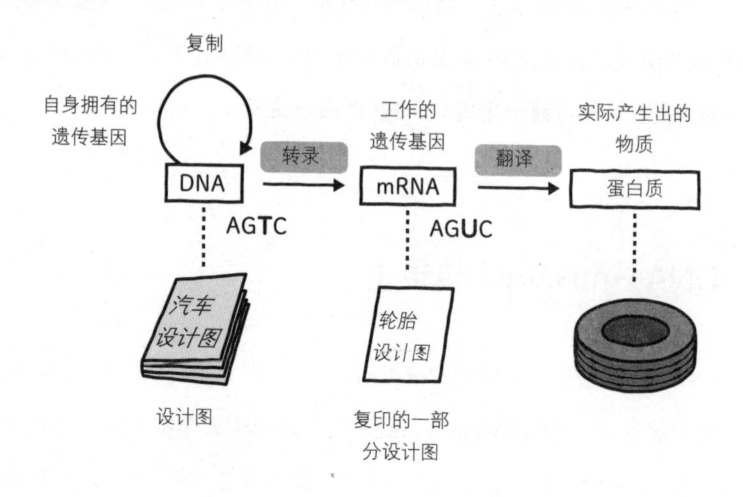

图 3-1　DNA → mRNA →蛋白质

「現代生命科学 第 3 版」（東京大学生命科学教科書編集委員会／編）、羊土社、2020をもとに作成。

DNA 鉴定的作用

接下来是与DNA鉴定有关的内容。首先我来给大家介绍一下DNA鉴定的方法。现在DNA鉴定常用于亲子鉴定和犯罪调查。

亲子鉴定

请看图3-2A。M是Mother，代表母亲的遗传基因。C是Child，代表孩子的遗传基因。从图上可以看出，母亲和孩子的遗传基因是完全不同的。F是Father，代表父亲的遗传基因，但F又分为1和2，故事也就从这里开始。

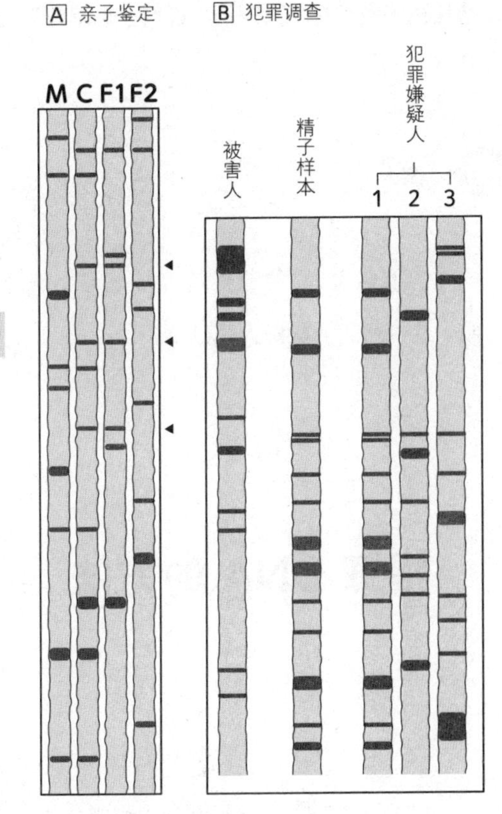

图 3-2　DNA 诊断示例

问 哪一个才是亲生父亲？

从图上看，F1和F2的遗传基因也完全不同。正如前文中介绍过的那样，孩子的遗传基因分别来自父亲和母亲。那么C最上面的一条线和F1与F2都相同，仅凭这一条线索无法判断F1和F2谁是亲生父亲。再来看第二条线，第二条线和M相同，说明这是从母亲那里继承来的。第三条线和F1相同，第四条线和F1相同，第五条线和M相同，第六条线和F1相同。通过上述信息可以看出，F1是孩子的亲生父亲。

DNA可以从毛发和血液中提取并用于进行亲子鉴定，凭借现在的技术基本不会出现错误。

犯罪调查

图3-2B是某杀人案件的DNA鉴定图。左侧是被害女子的遗传基因。中间

是从被害女子身上发现的男性精子的遗传基因。右侧是3名犯罪嫌疑人的遗传基因。

谁是犯人？

犯罪嫌疑人1的遗传基因与被害女子身上的精子遗传基因样本完全一致。这说明犯罪嫌疑人1就是犯人。

提取 DNA 的方法

提取DNA的方法有很多种，最简单的是用棉棒刮取少量的口腔黏膜，然后从中提取DNA。除此之外，还可以从我们身体上许多部位提取DNA，因为身体上任何部位的遗传基因都是相同的。除了精子和卵子中各有一半之外，其他地方都一样。1毫升的精液或血液中含有的DNA数量就非常多。和口腔黏膜一样，血液与唾液中也含有大量的DNA。骨骼与牙齿中也含有DNA，所以，只要能找到骨骼和牙齿，就能通过DNA确定死者的身份。头发中也含有DNA，尿液中也含有少量的DNA。

DNA 存在于头发的什么地方？

虽说可以从头发中提取出 DNA，但理发的时候被剪掉的头发是无法提取出 DNA 的。因为 DNA 并不是存在于发丝上，而是存在于发根的细胞上。因为 DNA 可以通过 PCR 技术来复制和扩大，所以只需要拔几根头发就足够进行 DNA 鉴定。但剪下来的头发是不行的。

DNA 的个体差异

提取出DNA之后要如何进行鉴定呢？其实人类的DNA十分相似，每500~1000个只有一个字母不同。在DNA中有两个字母并列的区域，比如ATATAT并列的区域。对这个区域进行调查，会发现重复的次数有所不同。这个重复的区域被称为“微卫星”，并且会展现出个体差异，被称为多态性。如果这部分重复的次数不同，即便将DNA按照同样的方式切断，切断部分的长度也会有所不同。**根据微卫星的区别，就能够判断出不同的DNA，从而锁定目标**。

调查亲子关系

让我们来看一个示例。请看图3-3的家系图。因为各拥有2个遗传基因，所以要对各个遗传基因微卫星的多态性进行调查。从图中可以看出，母亲拥有1和4的多态性，父亲拥有2和2的多态性，孩子则分别是1和2、2和3的多态性。大家有没有发现什么问题呢？

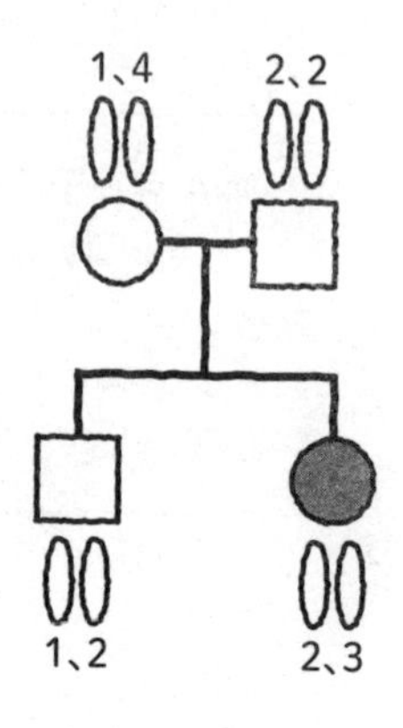

图 3-3 有什么问题？

问 有什么问题？

孩子的遗传基因一定是从父亲和母亲处各遗传一个。儿子是1和2，显然1来自母亲，2来自父亲，但女儿就比较奇怪了。拥有1和4、2和2的多态性的父母，应该不会生出2和3的多态性的孩子。问题出在哪里呢？是隔壁老王搞的鬼吗？并不是。因为女儿拥有和父亲一样的遗传基因，却没有母亲的遗传基因，这说明母亲并不是亲生母亲。所以有可能是在医院出生的时候抱错了。当然，还有另外一种可能性就是基因突变。如果是这种情况的话，只调查一点就无法做出判断，需要再调查更多的部位才能判断孩子与父母之间是否具有血缘关系。

搞清楚
是否具有疾病的遗传基因

DNA不仅可以用来判断亲子关系，还可以用来判断疾病。

请看图3-4的家系图。位于左上方的女性因为一种在45岁发病的疾病去世。如果这是遗传疾病的话，那么有1/2的概率将疾病的遗传基因传给女儿，也就是位于其下方44岁的女性。因为这种疾病在45岁时发病，所以这名女性有可能和自己的母亲一样发病。她又有3个孩子，这3个孩子因为担心自己患有遗传疾病，所以来到医院希望进行遗传基因检查。但是，这位44岁的母亲如果带有疾病的遗传基因，就有可能和她的母亲一样在45岁的时候发病去世，所以她拒绝进行遗传基因检查。

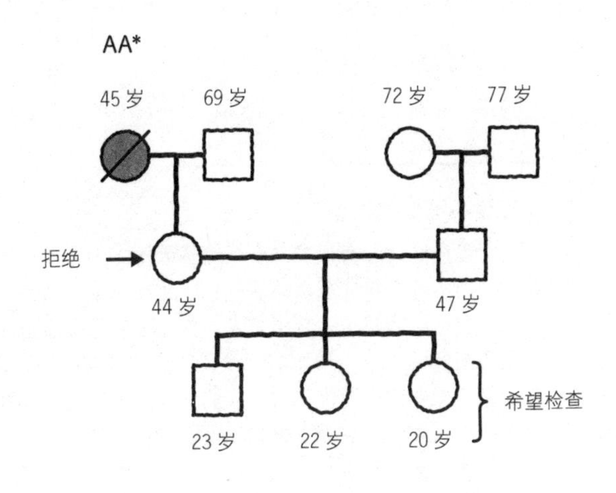

图 3–4　是否应该进行遗传基因检查？

问　在这种情况下，3名孩子应该进行遗传基因检查吗？

这个问题在不同的国家有不同的回答。比如美国，只要个人提出希望进行遗传基因检查，就会对其进行检查。但在欧洲，遗传基因被看作是整个家族的问题，所以只要家族中有一个人反对就不会进行遗传基因检查。在这个示例之中，最终孩子们进行了遗传基因的诊断。结果发现20岁的女儿也带有疾病的遗传基因。请再看一下家系图。如果20岁的女儿也带有疾病的遗传基因，即便她44岁的母亲没有进行遗传基因检查，也能知道她也带有疾病的遗传基因。

综上所述，遗传基因检查的结果其实不止关系到你个人，对你的整个家族来说都是非常重要的信息。所以，绝对不要随随便便就进行遗传基因检查，一定要考虑清楚后果才行。

完全不可信的检查?

现在网络上有很多关于遗传基因检查的宣传和广告。可能有人想要去试试，但实际上这些基本都是假的。比如脱发的遗传基因，这东西根本不用检查，自己照照镜子就看出来了。其他还有号称能祖先溯源和查明酒精依赖症遗传基因的广告。请大家记住，虽然亲子鉴定能保证几乎 100% 的准确率，但除了能够明确遗传基因的疾病（比如痴呆症）之外，其他基因检测都是骗人的。人类到目前为止根本就没有发现与性格和能力有关的遗传基因。也就是说，这些广告宣传的遗传基因检查就跟占卜一样，完全没有可信度，大家一定不要上当。

遗传基因检查的发展与课题

出生前检查

接下来给大家简单地介绍一下遗传基因检查的发展历史。有一项针对腹中胎儿的遗传基因检查。主要目的是为了检查胎儿是否患有遗传疾病，但曾经也被用来判断胎儿是男孩儿还是女孩儿。

1949年，一个叫巴尔的科学家在雌猫的细胞核中发现了一个特殊的物质，这成为判断性别的关键。因为是巴尔发现的，所以这种物质被称为巴氏小体。对这个细胞核进行染色，会发现其内部呈块状。

后来，科学家们在1955年发现性染色体（X染色体和Y染色体）。因为母亲腹中的胎儿产生的细胞会存在于羊水之中，所以通过羊水穿刺就能够判断胎儿的性别。这主要用来判断像肌营养不良这样只有男性发病的伴性遗传病。

进入20世纪60年代之后，医院能够进行染色体检查，1968年能够通过检查发现唐氏综合征。有的父母会选择将患有唐氏综合征的婴儿流产。

现在我们每个人在出生前都会接受许多检查。一般来说，在怀孕6个月之内，终止妊娠不会对母亲的身体造成太大的影响。但如果怀孕超过6个月，终止妊娠就会对母亲的身体造成影响，这个时候就不能终止妊娠了。但在可以终止妊娠的期间，谁能做出这个决定呢？有的人从宗教的角度出发认为婴儿是上天赐予的，所以绝对不能终止妊娠。但也有的人认为应该尊重孕妇的自主意愿。直到今天，终止妊娠仍然是一个充满了争议的问题。

发病前检查

如果家族中有某种遗传疾病，家族成员或许会想要进行遗传基因检查。

根据日本的规定，首先，“对于没有预防和治愈方法的疾病，**原则上不建议进行检查**”。因为这样的疾病就算检查出结果也无能为力，所以不建议进行检查。但也有无论如何都想进行遗传基因检查的人，在这种情况下，只要具备以下条件就可以进行检查。

“①决定进行检查的家庭成员必须年满20周岁”，这是为了保证其本人有自主判断的能力。“②充分理解该疾病和遗传基因检查的意义”。“③自愿提出检查申请”，也就是说必须是自觉自愿的，而不能是被强迫的。“④如果检查结果为阳性，必须有能够在精神和经济上给予支援的人”，也就是说，如果被检查者拥有疾病的遗传基因，必须有人能够在各个方面对其给予支援。比如检查发现45岁的时候会出现痴呆症，但这个人在45岁时可能完全没人照顾。在这种情况下就不能进行遗传基因检查。当然，即便完全满足了上述的条件，也并不能马上进行检查。

在真正进行检查之前，还需要：“①在不同日再次确认3次检查意愿”，分别在不同的时间（不能在同一天），再次确认3次检查意愿。“②签署承诺书”，检查的结果绝对不能通过网络和邮件的方式发送给被检查者。“③直接口头将结果告诉本人”。由此可见，遗传基因检查有着非常严格的规定和流程。

委托专业机构进行遗传基因检查和前面提到的那些和占卜一样的遗传基因检查完全不同，大家如果有进行遗传基因检查的需求，一定要擦亮眼睛选择正规机构。

O 型血是遗传基因异常？

我们的血型也是由遗传基因决定的。主要的区别在于红细胞前端糖的种类不同（图 3–5）。带有半乳糖和岩藻糖的就是 O 型血。而 A 型血的人在半乳糖上带有名为 N– 乙酰半乳糖胺的物质。B 型血的人则是在半乳糖上还有半乳糖。也就是说，A 型血和 B 型血的人都比 O 型血多了一样东西，A、B 型血的人各多一样。

现在科学家发现，这种区别并不是由不同的遗传基因引起的，而是由同一个遗传基因引起的。这是一种叫作半乳糖基转移酶的酶，由 353 个氨基酸组成。如果其中 4 个氨基酸不同，就会一半进行 A 的反应，另一半进行 B 的反应。经过调查发现，O 型血的人第一百一十五个遗传基因处于停止状态，只能产生一半的蛋白质。也就是说，O 型血的人其实是典型的遗传基因异常。但世界上 O 型血的人数量最多。据说 O 型血是对病毒抵抗力最强的血型，但遗传基因异常也是事实。由此可见，遗传基因异常并不一定就是坏事，这是一种多样性。

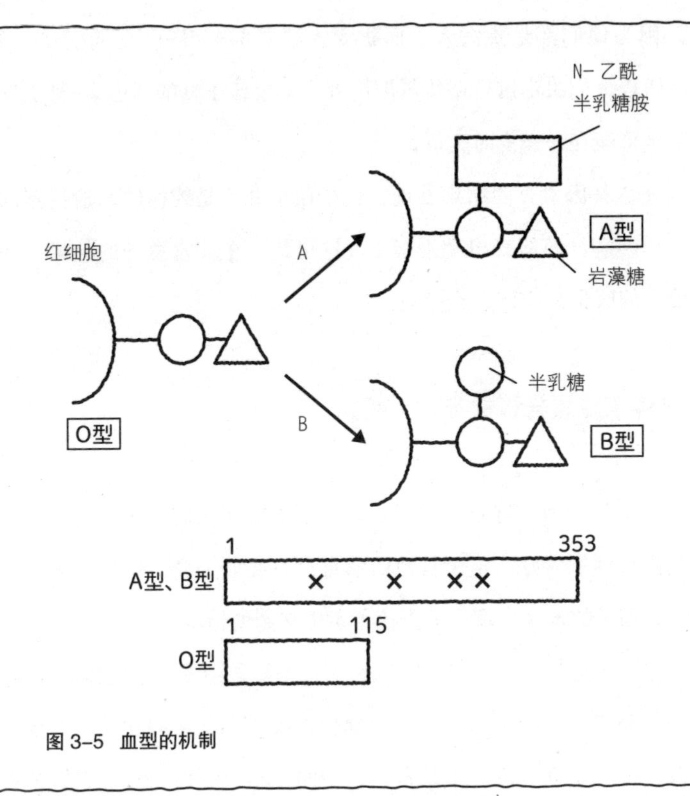

图 3-5 血型的机制

有时候会有意外的发现

遗传基因检查有时候可能会有意外的发现。约翰和萨拉结婚之后生了一个孩子，但这个孩子的脑袋总是歪的，于是夫妻二人怀疑孩子是有什么疾病。因为他们都是犹太人，而犹太人很多都有泰-萨克斯病（→参见第2章），所以他们决定进行遗传基因检查。如果孩子真的罹患泰-萨克斯病，严重的甚至可能在2—4岁时夭折。

但遗传基因检查的结果发现，这个孩子并不是约翰的。遗传基因检查不仅能查出疾病，还能查出是否亲生。这可是一个非常意外的结果。如果你是负责检查的医生，应该怎么做呢?

问 这件事应该告诉夫妻二人吗?

有人认为，因为这对夫妇只是来检查疾病相关的问题，所以只要将疾病的情况告诉他们就好，至于其他的信息没有必要公开。但也有人认为，既然夫妇关心孩子的未来，那么关于孩子亲生父亲的情况也应该明确告知。

如果是你的话会怎么做呢? 现实中日本就曾经发生过这样的案例。

如果隐瞒实情，那么随着孩子越长越大，和父亲的相貌差异也会越来越大。有一位父亲怀疑孩子不是自己亲生的，结果引发家庭暴力，最终夫妻离婚。还有的人告上法庭，起诉医院没有告知实情，结果医院不得不赔了一大笔钱。一开始法院判决医院必须告知亲子鉴定的结果，但可以只告知母亲。即便只告诉母亲，最终父亲还是有可能得知真相，还是可能导致出现家庭暴力或者起诉医院的结果。于是最终法院规定，医院必须将结果告知父母双方。

类似这样的事情其实在世界上的任何一个国家都有。在日本，因为产生怀疑而来做亲子鉴定的家庭中，有1/3都不是亲生的。

此外，如果不将全部信息都告知父母，会侵犯夫妻的自主决定权，使其无法准确地制定未来的家庭计划（比如是否继续生孩子等）。所以，将实情告知夫妻双方非常重要。但为了避免出现前面提到的问题，院方会在遗传基因检查的告知书上事先说明检查结果包括证明家庭内的父子母子关系。夫妻二人在进行遗传基因检查之前，必须承诺接受可能出现的一切结果。

伦理道德问题

现在对胎儿进行遗传基因检查时，即便检查结果发现胎儿有遗传疾病，也可能因为胎儿成长得太大而无法终止妊娠。所以，如果要进行遗传基因检查，那就越早越好。人类的受精卵细胞会从1个变成2个，2个变成4个，4个变成8个（关于人类的出生请参见第4章）。在受精卵处于8个细胞期的时候，用移液管从这8个细胞中取出一个，就可以进行遗传基因检查。而剩下的7个细胞仍然能够继续发育成完整的胎儿。在动物中，海胆也有同样的特点。海胆和人类的受精卵在8个细胞期即便缺失1个细胞也能够成长为完全的个体。

这种方法如果只是用来检查是否患有遗传疾病的话没有任何问题，但如果别有用心的科学家利用这一个细胞调查出了与人类智商或身高有关的遗传基因，并以此为基础对胚胎进行操作的话又会怎样呢？答案是，人类可以随心所欲地创造出自己想要的孩子。正因为存在这种危险，所以，除了非常严重的疾病之外，医院都不会采用这种检查方法。毕竟定制婴儿从伦理道德上来说是不被允许的。

随着科学的发展，人类能够实现的事情越来越多。所以，事先决定好哪些事情能做、哪些事情不能做，就显得十分重要。

埃及王朝的历史

接下来，我将给大家介绍一些关于DNA鉴定实际应用的事例。

不知大家对埃及的历史有多少了解，我先简单地介绍一下。公元前3000年（距今5000年），埃及出现了第一位国王。哈夫拉王修建斯芬克司像大约在公元前2500年。修建了底比斯葬祭庙的哈特谢普苏特女王大约在公元前1500年执掌朝政。又过了大约100年，因为一个黄金面具而被现代人所熟知的图坦卡蒙成为埃及国王。随后不久，拉美西斯二世修建了阿布·辛拜勒岩窟庙。而被冠以埃及艳后之名的克娄巴特拉出现在2000年之前。

价格最高的宝物

米洛斯的维纳斯、图坦卡蒙的黄金面具、蒙娜·丽莎，被称为世界三大宝物。如果将这三件宝物拿去鉴定，哪一个价格最高呢？虽说这三件宝物都是无价之宝，但毫无疑问，价格最高的是图坦卡蒙的黄金面具。关于这个宝物的主人图坦卡蒙，也有许多有趣的故事。

这是关于哈特谢普苏特女王和图坦卡蒙的埃及第十八王朝的故事。埃及第十八王朝家系图的前半部分如图3-6所示。后文中将会介绍的阿蒙霍特普三世位于这个家系图的最下方。正如大家看到的那样，图特摩斯一世与正宫皇后之间生出了前文中提到过的哈特谢普苏特女王。但像哈特谢普苏特女王这样由正宫皇后生出的国王非常少见，绝大多数的国王都是庶出（非正宫皇后所生）。

因为这些国王都留有保存完好的木乃伊，所以能够看出他们的长相。图特摩斯二世和图特摩斯三世就长得很像，可见是亲父子。科学家们对木乃伊上提取出的DNA进行鉴定，发现了许多有趣的事情。

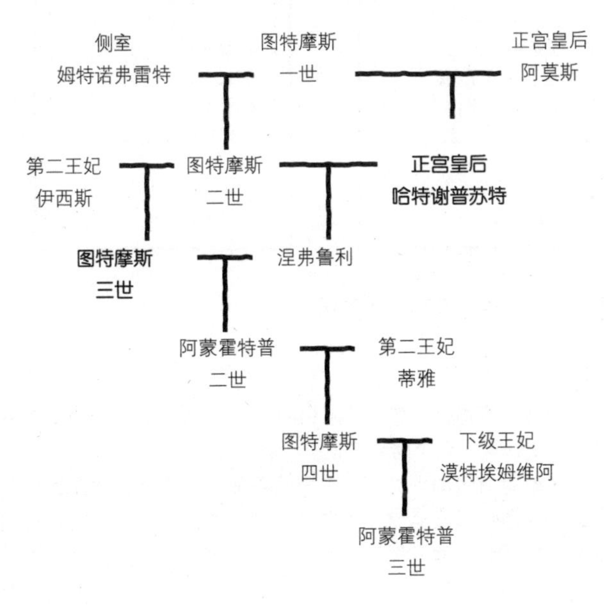

图 3–6　埃及第十八王朝（前半部分）

图坦卡蒙时代

我来给大家介绍一下图坦卡蒙吧。公元前 1390 年左右，阿蒙霍特普三世开始了其长达 37 年的统治。如果说这段时间的埃及处于太平盛世，那么接下来的时间则恰恰相反。阿蒙霍特普三世死后，他的二儿子阿蒙霍特普四世继位，但阿蒙霍特普四世是个很有想法的人，他一反之前全国上下对阿蒙神的信仰，而是开始推崇信仰太阳神阿顿。他甚至在继任后的第五年

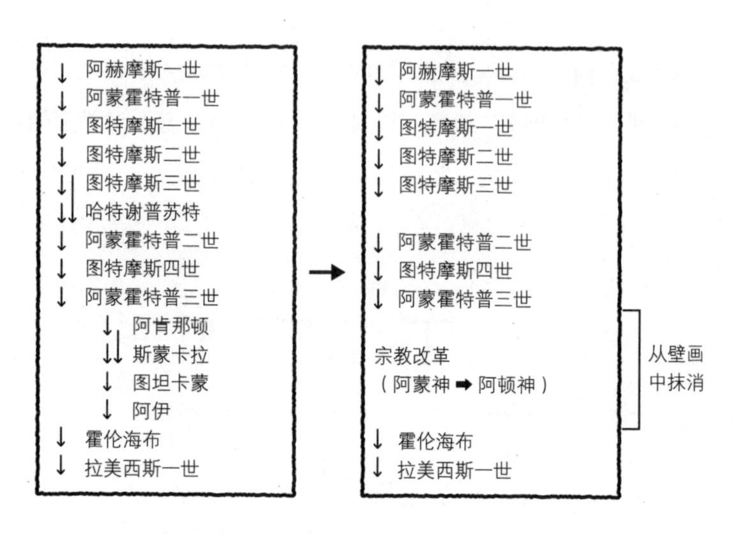

图 3–7 埃及第十八王朝的变迁示意图

将名字也改为阿肯那顿，意为“阿顿的仆人”。此外，他还将首都从阿蒙神的信仰中心底比斯迁到了阿赫塔顿。

接下来就是有趣的地方了。在阿肯那顿统治末期，埃及第十八王朝进入了一段非常混乱且充满谜团的时期，似乎有两个人在极短的时间内作为阿肯那顿的共同统治者和继任者统治整个国家。与许多研究古埃及历史的学者一样，我也认为皇后纳芙蒂蒂是其中一人。另一个则是叫作斯蒙卡拉的充满谜团的人。但随后 9 岁的图坦卡顿继承王位，这个名字的意思是“阿顿的形象”。他在继位后迎娶安克赫巴顿（阿肯那顿与纳芙蒂蒂的女儿）作为皇后，并将首都从阿赫塔顿迁回了底比斯。同时他们也将名字改为图坦卡蒙和安克赫娜蒙，以示对阿蒙神的尊敬。埃及再次恢复对阿蒙神的信仰，这也意味着阿肯那顿的宗教改革以失败告终。

埃及第十八王朝的变迁示意图（图 3–7）中，从阿肯那顿到图坦卡蒙的部分被全部抹消掉了，据说是后来坐上王位的霍伦海布干的。而他这么做的原因就是为了彻底消除宗教改革的影响，只保留以前信仰阿蒙神的时代以及后来恢复阿蒙神信仰时代的记录，而将与阿肯那顿有关的内容全部抹消。结果直到 20 世纪人们才搞清楚这段历史。

身份不明的木乃伊们

图3-8是帝王谷的示例图。帝王谷是古埃及十八到二十王朝时期法老和贵族的主要陵墓区，英文叫作Valley of the Kings，因此用KV加数字来代表各个墓葬点。图坦卡蒙的墓位于帝王谷的中央区域。而在KV35和KV55发现的遗骨，以及KV21，都是我接下来要介绍的重点。此外，我还将为大家介绍尤亚和图玉夫妇的故事。

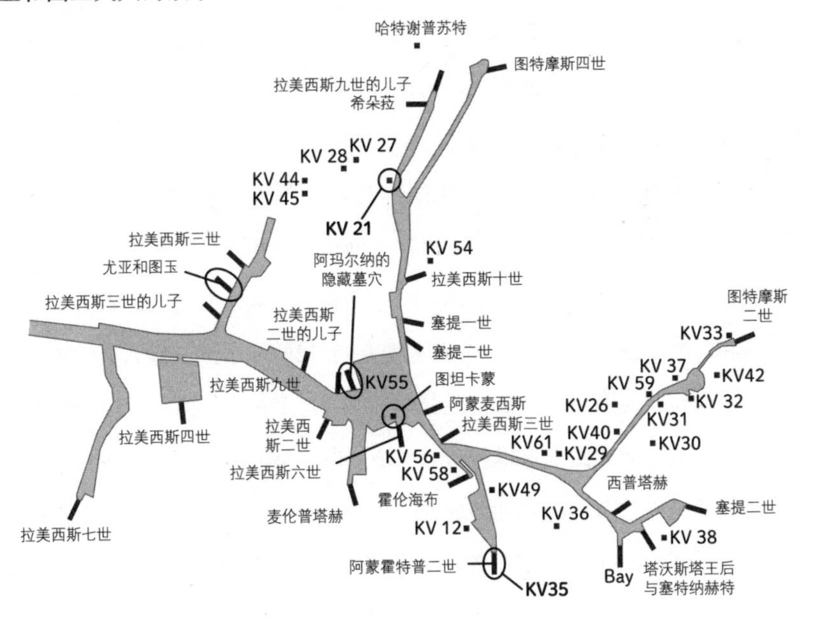

图 3–8　埃及帝王谷

「Rainer Lesniewski」©123RF.com

关于图坦卡蒙的身世，一直是个未解之谜，但科学家们通过DNA鉴定发现了真相。在KV35墓穴中发现的两名身份不明的女性成为解开谜团的关键。其中一位年纪较大的女性被命名为Elder Lady，因为发现于KV35中，我们将其称为KV35EL。另一位年轻的女性被命名为Young Lady，我们将其称为KV35YL。其中一位的单手放在胸前。

首先让我们从阿蒙霍特普三世入手，因为阿蒙霍特普三世被认为是图坦卡蒙的祖父。

前文中提到阿蒙霍特普三世与皇后泰伊给埃及带来了37年的太平盛世。据说阿蒙霍特普三世大约10岁的时候继承王位并且与泰伊结婚，而泰伊的父母就是尤亚和图玉。当时埃及国王的正宫皇后一般都是自己的姐姐或妹妹，但阿蒙霍特普三世却娶了家族之外的人。这是因为阿蒙霍特普三世当时年纪还小，而泰伊的父母尤亚和图玉在当时很有势力，所以将女儿嫁给了他。一般来说，皇后的雕像都会比国王的靠后一些，但泰伊的雕像却总是与阿蒙霍特普三世并列在一起，由此可见她的地位。但也有人认为这是因为阿蒙霍特普三世与皇后泰伊感情很好。

考古学家们发现了尤亚和图玉的木乃伊，并且对其进行了遗传基因检测。虽然当时还不知道哪一个是泰伊的木乃伊，但仍然可以对微卫星重复的区域进行分析。结果发现，在名为D13S317的遗传基因第13染色体上，尤亚拥有11和13的多态性（图3-9），图玉拥有9和12的多态性。那么他们的孩子就应该从父母这里各继承一个。经过检查发现，KV35EL拥有11和12的多态性，刚好是从尤亚和图玉那里各继承一个。但这可能只是一个偶然的现象，所以还需要对遗传基因的其他部分进行调查。科学家们对第7染色体D7S820和第2染色体D2S1338进行了调查，结果如图3-9所示。D13S317是4个字母重复的区域。D7S820和D2S1338也是4个字母重复的区域，字母重复的次数用数字表示。比如11和12代表一侧染色体重复11次，另一侧染色体重复12次。

	D13S317	D7S820	D2S1338
尤亚	11、13	6、15	22、27
图玉	9、12	10、13	19、26
KV35EL	11、12	10、15	22、26

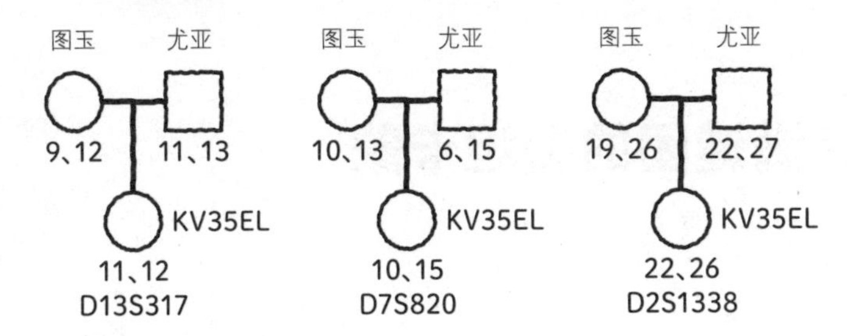

图 3-9　KV35EL 的亲子鉴定　其一

Hawass Z, et al：JAMA, 303：638−647, 2010をもとに作成。

表 3-1　KV35EL 的亲子鉴定　其二

	D13S317	D7S820	D2S1338	D21S11	D16S539	D18S51	CSF1PO	FGA
尤亚	11、13	6、15	22、27	29、34	6、10	12、22	9、12	20、25
图玉	9、12	10、13	19、26	26、35	11、13	8、19	7、12	24、26
KV35EL	11、12	10、15	22、26	26、29	6、11	19、12	9、12	20、26

Hawass Z, et al：JAMA, 303：638−647, 2010をもとに作成。

如果D13S317的调查结果只是偶然，那么其他部分的结果如何呢？KV35EL的D7S820拥有10和15的多态性。这也符合从尤亚和图玉处分别遗传一个的特征。D2S1338拥有22和26的多态性，也是从尤亚和图玉处分别遗传一个。也就是说3个部分的调查结果全都表明KV35EL就是尤亚和图玉的孩子。

再来看表3-1，这是全部8个部分的调查结果，8个部分的结果全部表明KV35EL就是泰伊。这个身份不明的木乃伊，通过DNA鉴定技术被证实是尤亚和图玉的孩子泰伊。顺带说一下，以前埃及的国王下葬时都是双手交叉在胸前，皇后下葬时单手放在胸前。正如前文中提到过的那样，KV35EL也是单手放在胸前。说明这位女性确实就是皇后泰伊。像这样，能够参照历史给出合理的解释，正是遗传基因调查的神奇之处。

充满谜团的图坦卡蒙

现在我们知道尤亚与图玉的女儿是泰伊，泰伊与阿蒙霍特普三世的儿子是阿肯那顿（图3-10）。阿肯那顿是阿蒙霍特普三世的次子。之所以身为

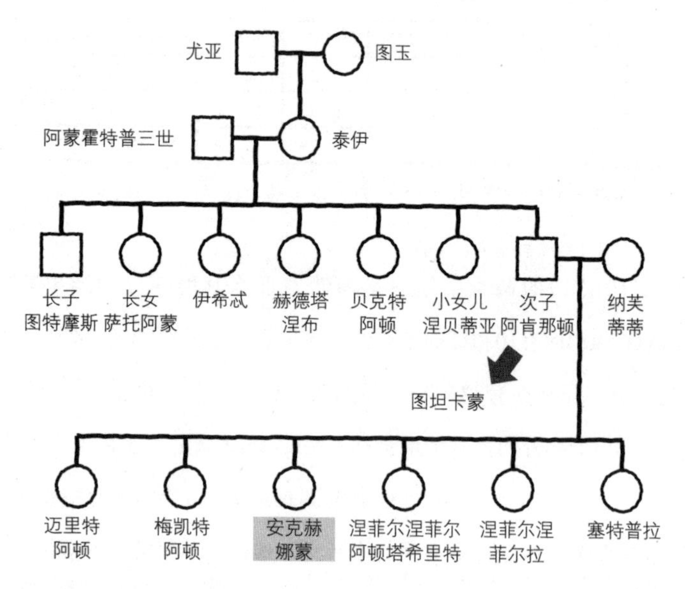

图 3-10　埃及第十八王朝（后半部分）

次子的阿肯那顿继承王位，是因为长子早早就死了，而后来出生的孩子都是女孩儿。阿肯那顿迎娶了当时的绝世美女纳芙蒂蒂。他们二人总共生了6个孩子，但全是女孩儿。阿肯那顿死后由图坦卡蒙继承王位，但在家系图中却找不到这个人。难道阿肯那顿会让一个来历不明的人继任国王吗？这显然是不可能的。不仅如此，他还将自己的女儿嫁给了图坦卡蒙，这说明图坦卡蒙和阿肯那顿的关系十分亲近。因此有人认为图坦卡蒙其实就是阿肯那顿的儿子。不仅如此，图坦卡蒙与他的王后安克赫娜蒙总是一起行动，据说关系非常亲密。

图坦卡蒙的母亲是谁？

让我们通过DNA鉴定来调查一下谁是图坦卡蒙的生母。微卫星多态性的结果如表3-2所示，首先请看尤亚与图玉的结果。尤亚与图玉的女儿是KV35EL，现在我们已经知道她就是泰伊。因为8个部分的结果全都证实了这一点。尤亚与图玉的女儿是泰伊，泰伊与阿蒙霍特普三世的儿子是阿肯那顿。

问 哪一个是阿肯那顿的遗骨？

阿肯那顿分别从泰伊和阿蒙霍特普三世各继承一个基因，根据表3-2大家能找出哪个是阿肯那顿吗？没错，从KV55中发现的男性遗骨就是阿肯那顿。让我们来看一看，阿肯那顿有10和12，分别来自泰伊和阿蒙霍特普三世，还有15和15，也来自泰伊和阿蒙霍特普三世……全部8个部分都来自泰伊和阿蒙霍特普三世。由此可见，这就是阿肯那顿的遗传基因。

阿肯那顿和纳芙蒂蒂的女儿安克赫娜蒙嫁给了图坦卡蒙。但纳芙蒂蒂的遗骨至今未被发现。

图坦卡蒙陵墓的隐藏房间

一直以来都有传言认为在图坦卡蒙陵墓的周围有隐藏的房间，里面藏着纳芙蒂蒂的遗骨。现在，科学家们可以通过透视技术来检查金字塔中是否存在隐藏的房间。是否能够找到纳芙蒂蒂的遗骨呢？让我们拭目以待。

正如前文中提到过的那样，图坦卡蒙继承阿肯那顿的王位之后迎娶了安克赫娜蒙。因此有人认为图坦卡蒙是阿肯那顿与纳芙蒂蒂之外的女性所生的孩子。这也不难理解，国王很有可能将王位传给自己的儿子，毕竟阿肯那顿将正宫皇后所生的女儿嫁给了图坦卡蒙，所以图坦卡蒙的母亲一定另有其人。现在我们已经知道了阿肯那顿的遗传基因，也知道图坦卡蒙的遗传基因。根据这些条件就能推测出图坦卡蒙母亲的遗传基因。请看表3-2。

表 3-2 KV35EL 的亲子鉴定　其三

	D13S317	D7S820	D2S1338	D21S11	D16S539	D18S51	CSF1PO	FGA
尤亚	11、13	6、15	22、27	29、34	6、10	12、22	9、12	20、25
图玉	9、12	10、13	19、26	26、35	11、13	8、19	7、12	24、26
KV35EL	11、12	10、15	22、26	26、29	6、11	19、12	9、12	20、26
阿蒙霍特普三世	10、16	6、15	16、27	25、34	8、13	16、22	6、9	23、31
KV55	10、12	15、15	16、26	29、34	11、13	16、19	9、12	20、23
KV35YL	10、12	6、10	16、26	25、29	8、11	16、19	6、12	20、23
图坦卡蒙	10、12	10、15	16、26	29、34	8、13	19、19	6、12	23、23
KV21A	10、16	–、–	–、26	–、35	8、–	10、–	–、12	23、–

–は検出できなかったマイクロサテライト。
Hawass Z, et al：JAMA, 303：638–647, 2010をもとに作成。

问 哪一个是图坦卡蒙的母亲？

现在我们知道图坦卡蒙从阿肯那顿与母亲那里分别获得遗传基因。他的D7S820拥有10和15的多态性，其中15来自父亲阿肯那顿，所以10应该来自母亲。根据表上的数字来寻找拥有10的女性，发现KV35YL是图坦卡蒙母亲的可能性非常高。接下来再看其他部分，发现结果都符合。因此可以推测KV35YL就是图坦卡蒙的母亲。一直以来的谜团终于被DNA鉴定解开了。但故事到这里还没有结束，请大家再仔细看一下表3-2。

问 图坦卡蒙的母亲KV35YL的遗传基因有什么特征？

从10、12开始，6、10，8、11，6、12……看出来了吗？这个KV35YL是泰伊与阿蒙霍特普三世的孩子。画成家系图的话就如图3-11所示。图坦卡蒙的母亲是阿蒙霍特普三世与泰伊的女儿，是阿肯那顿的姐妹。也就是说，图坦卡蒙是兄妹结婚生下来的孩子。很令人惊讶吧！图坦卡蒙的母亲竟然是阿

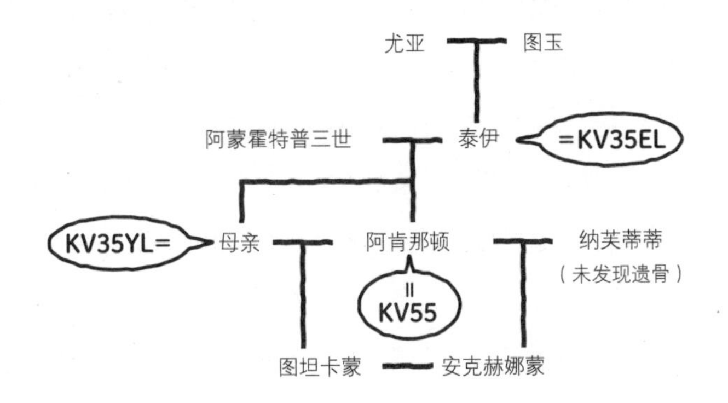

图 3-11　图坦卡蒙的家系图

Hawass Z, et al：JAMA, 303：638–647, 2010をもとに作成。

肯那顿的亲姐妹。从图3-10来看，阿肯那顿有5个姐妹。

姐妹中谁是图坦卡蒙的母亲？

从年龄上来说，可能是小女儿涅贝蒂亚或者贝克特阿顿，但根据某文献的记载，涅贝蒂亚很早就去世了。那么，贝克特阿顿就很有可能是刚才提到的KV35YL，也就是图坦卡蒙的母亲。但这些都是推测，因为DNA鉴定也不是万能的。如果死者没有留下子孙后代，在经过几百上千年之后，仅凭遗骨无法准确断定其属于兄弟或姐妹中的哪一个。

图坦卡蒙的诅咒

除了图坦卡蒙的黄金面具之外，图坦卡蒙的诅咒也非常著名。与发现图坦卡蒙陵墓相关的人都相继死亡。第一个进入图坦卡蒙陵幕的卡纳冯勋爵在6周之后突然死亡，更是给这个诅咒添上了神秘的色彩。

与这些内容相关的学问被称为分子埃及学。但也有很多人对此提出反对意见。因为他们认为3000年前的遗骨在如此高温潮湿的条件下不可能还残留有DNA。而且卡纳冯勋爵第一次进入墓室的时候，描述里面的环境非常恶劣。所以人们普遍认为DNA不可能在这样的地方留存几千年，从中找到的DNA很有可能混杂着后来的盗墓人遗留下来的。虽然我也很想验证一下这件事情的真伪，但遗憾的是这些木乃伊都不被允许运出埃及，所以我就算想调查也没有机会。

还有一个问题，那就是DNA鉴定全是通过PCR来做的。大家知道什么是PCR吗？这是一种可以将极少量的DNA增殖的技术。而将DNA增殖后，其中混入研究人员和盗墓人DNA的可能性也非常高。这也是很多人对DNA鉴定结果持怀疑态度的原因。

但也有很多人支持这种方法。因为不管是研究人员还是盗墓人，几乎清一色都是男性，如果其中混有盗墓人或研究人员的DNA，就应该从中发现Y染色体。但在所有的女性木乃伊中都没有发现Y染色体。也就是说，其中并没有混入盗墓人的遗传基因。

除此之外还有其他的问题。比如查明法老的身份之后，或许会有与其遗传基因相似的人声称自己是法老的后代。为了避免出现这种情况，所以DNA检验的数据很少公开。

大家知道图坦卡蒙的血型是什么吗？答案是A型。我也是A型。当然我不能说自己是图坦卡蒙的后代，但埃及人就不一定了。所以DNA鉴定也存在着许许多多难以解决的问题。

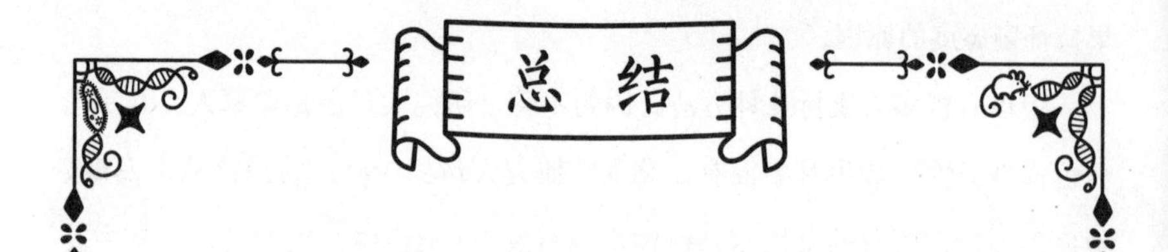

- 遗传基因工作时，会通过DNA转录产生mRNA，然后再通过翻译产生蛋白质。
- DNA重复的部分被称为微卫星，通过调查这部分就能够进行DNA鉴定。
- 虽然遗传基因检查的技术在不断进步，但与伦理道德有关的问题也接踵而来。
- 通过DNA鉴定，解开了图坦卡蒙的身世之谜。

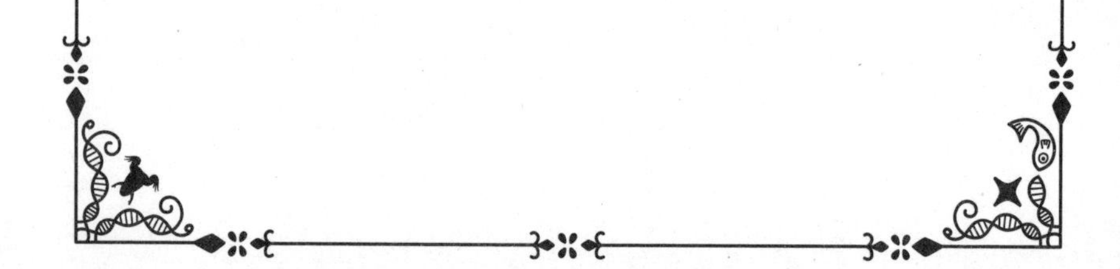

题外话

分析数据时的注意事项

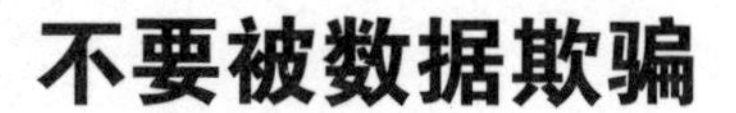

不要被数据欺骗

如果想更进一步地了解生命科学的相关内容，就必须对数据进行分析。但数据非常庞杂，其中也有很多奇怪的数据，在分析时一定要特别注意。在本章中我就为大家介绍一些分析数据时的注意事项。

奇怪的结果?

图1A是大学生身高的直方图。从身材高的人到身材矮的人组成的直方图呈现出双峰形。

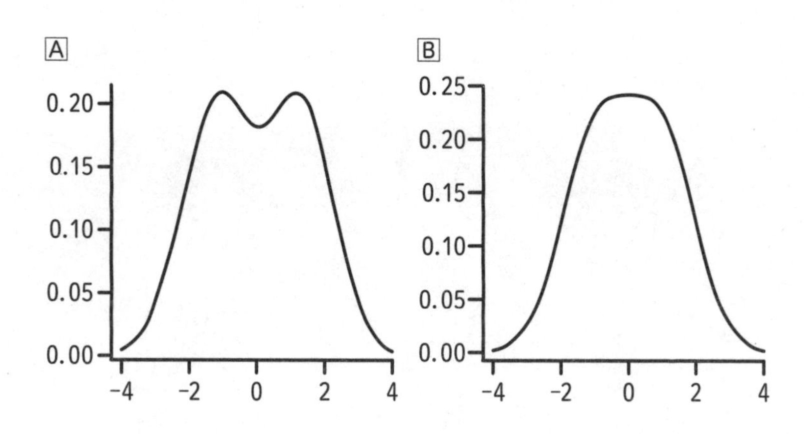

图 1　大学生身高的直方图

问 为什么是双峰形?

像身高这种生物学数据的概率应该呈正态分布（图1B），也就是单峰形。但A却有2个山峰。可能有人会感到很奇怪吧？为什么会出现这种情况呢？原来这是将男生和女生混合在一起测量的结果。如果只测量男生或者只测量女生，那么结果就是完美的正态分布，但男女混合后就变成了双峰形。

这其实是与数学相关的问题，大家不了解也没什么问题。不过在看到这种双峰形的直方图时，能意识到是男女混合的结果就可以了。

数字的魔术

有这样一个故事。相邻的A村和B村（图2），中间被一座大山隔开。某

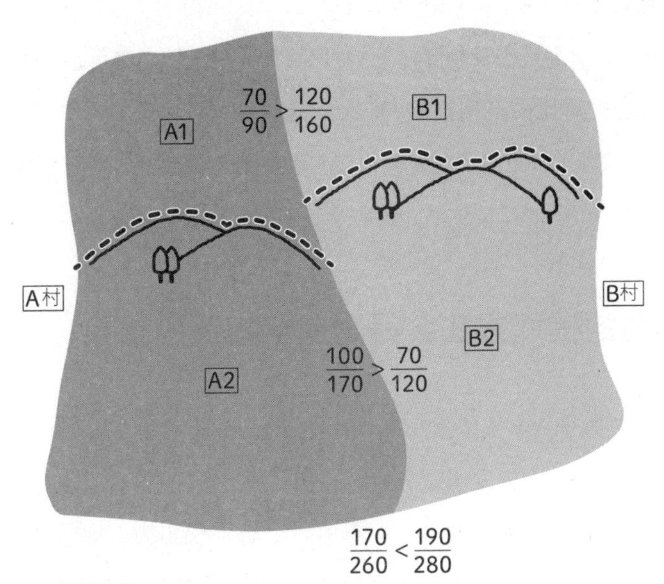

图2　A村与B村的比较

机构分别对A村的南北两侧和B村的南北两侧的维生素片摄取情况进行调查。

结果发现A村北侧的A1地区90人中有70人摄取维生素片，B村北侧的B1地区160人中有120人摄取维生素片。再来看南侧，A2地区170人中有100人摄取维生素片，B2地区120人中有70人摄取维生素片。接下来请思考以下问题。

问 请从①~③中选出摄取维生素片比例更大的地区。

①A1地区和B1地区

②A2地区和B2地区

③A村和B村

这个问题其实就是非常简单的分数计算。①是对北侧的两个地区进行比较，分别是7/9和12/16，A村的一边比较大。②是对南侧的两个地区进行比较，10/17和7/12，也是A村的一边比较大。可能有人觉得③也是同样的结果，但实际上17/26和19/28相比是B村更大，与之前的结果刚好相反。这就是数字的魔术。如果只比较北侧，是A村比较大，只比较南侧也是A村比较大，但将整体进行对比的话则是B村更大。这或许可以用来玩一些骗人的小把戏。比如想强调A村更多的时候就使用①和②的比较数据，而想要强调B村更多的时候就使用③的比较数据。大家可一定要注意别被骗了。

不同的提取方法会得到完全相反的结果

图3是某大学入学考试分数和二次考试分数的相关图。从A的结果来看是正相关。也就是说，入学考试分数高的人，二次考试也能取得不错的分数。但如果只取分数较高的一部分人，得出的相关关系却刚好相反（B）。也就是说，入学考试分数高的人，二次考试的分数却降低了。像这样，用不同的

提取方法就能得出完全相反的结果。而在实际生活中有不少用这种方法数据作假的情况。

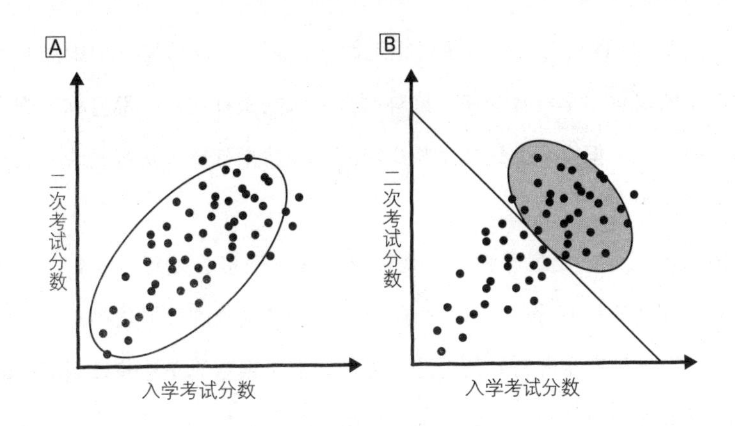

图 3　入学考试分数与二次考试分数的相关图

数据偏差

接下来看一看调查研究的方法。一般情况下，舆论调查都是由报社进行的。他们使用的是名为RDD法（Random Digit Dialing）的方法，就是随机拨打固定电话的号码，然后向接电话的人进行提问。

这种方法能够收集到准确的数据吗？我认为值得怀疑。因为这种方法排除了只用手机的人、低收入群体以及住院患者等没有固定电话的人。还有就是报社只在工作时间打电话，那么接电话的就只有白天在家的人，所以严格来说，这种方法并不是真正的随机数据。

还有可能某人接到了A报社打来的电话，但这个人不喜欢看A报社的报纸，只喜欢看B报社的报纸，所以拒绝回答问题。由此可见，RDD法并不能准确地反映民意。尽管每个使用这种调查方法的报社或机构都号称调查结果能够反映民意，但实际上只能反映出时间和经济上都比较富裕或者愿意提供协助的人的意见。

请大家记住，要想准确地反映民意，有效回答必须超过60%。但舆论调查的有效回答只有50%左右。由此可见，舆论调查的数据是存在一定偏差的。随机取样确实是非常好的方法，但问题在于**很难真正地获取到随机的数据**。或许有人会说，只要收集全部的数据再进行分析不就好了吗？但这可不是一件简单的事情，不知道要花费多少时间和金钱。因此，普遍的做法是抽取一部分样本数据来进行分析，关键在于取样的方法。像刚才提到的那种取样方法就很难保证准确。

日本朝日新闻和读卖新闻曾经进行过同样的调查。朝日新闻的问题是："关于提高消费税，你赞成还是反对？"这样的问题肯定是反对的人更多（赞成35%，**反对54%**）。但读卖新闻的问题是："你认为有必要为了维持财政健康和社会保障制度而提高消费税吗？"这样的问题肯定是支持的人更多（**有必要64%**，没必要32%）。由此可见，即便是同样的问题，但换了不同的提问方法也会得出不同的结果。所以，绝对不要盲目地相信调查数据。

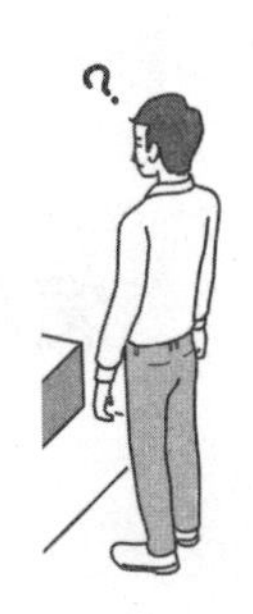

因果关系与相关关系

哈佛大学的研究团队在《自然》杂志上发表了一篇论文，结论是40多岁生过孩子的女性更加长寿。这似乎与雌激素的影响有关。他们将1896年出生的78位百岁以上女性，与同年出生但在73岁去世的54位女性进行了对比。结果发现，73岁去世的女性中在40多岁时生过孩子的只占6%，而百岁以上的长寿女性在40多岁生过孩子的比率为20%。因此，他们得出40多岁生过孩子的人更长寿的结论。大家对这个研究结果的看法如何呢?

问 这个研究结果正确吗?

其实准确地说，并不是40多岁生过孩子的人就能长命百岁，而是能活到100岁的人在40多岁的时候生过孩子。所以数据这种东西，从不同的角度理解就会得到不同的结论。也就是所谓的因果关系与相关关系。希望大家不要搞错了。

进行健康体检就会变得更加健康?

定期进行健康体检的人，血糖值、腰围、血压、体重都在健康的范围内。或许有人会因此而得出进行健康体检就会变得更加健康的结论。但实际上真的是这样吗? 很明显，并不是因为进行健康体检才变得更加健康，而是因为这些人本来就很重视身体健康，所以才定期进行健康体检。

怎样才能省电？

要想知道是否存在因果关系，只要对干预效果（某种因素对结果产生影响）进行分析即可。比如想知道电力价格上涨时居民是否节约用电，应该怎么做呢？只需要将一定时间段的电力价格翻倍，然后看居民是否节约用电。这就是干预效果。将许多人随机分成两组。一组什么也不做，另一组则调整电力价格。在进行分组时，保证完全随机非常重要。比如，绝对不能一组全是男性而另一组全是女性，还有就是样本数量一定要足够大，只调查一两个人的数据是远远不够的。像这样的调查被称为随机对照试验。

实际调查的结果如图4所示。让我们从A开始。横轴代表时间，能够看出不同时间段的电力消耗情况。对照组和干预组的用电情况基本相同。再来看B，从13点半到17点的时间段，电力价格从23增加到50的一组明显减少了用电量。这一组在其他时间段都正常用电，只有在电力价格增加的灰色时间段减少用电。如果将电力价格提高到100呢，答案是用电量更少（C），提高到150之后用电量又进一步减少（D）。但除了价格增加之外的时间段，用电量都是正常的。

由此可见，电力的价格越高，居民的用电量就越少。大家都对电费很敏感呢，一旦电费超出了自己能够承受的范围就干脆不用了。

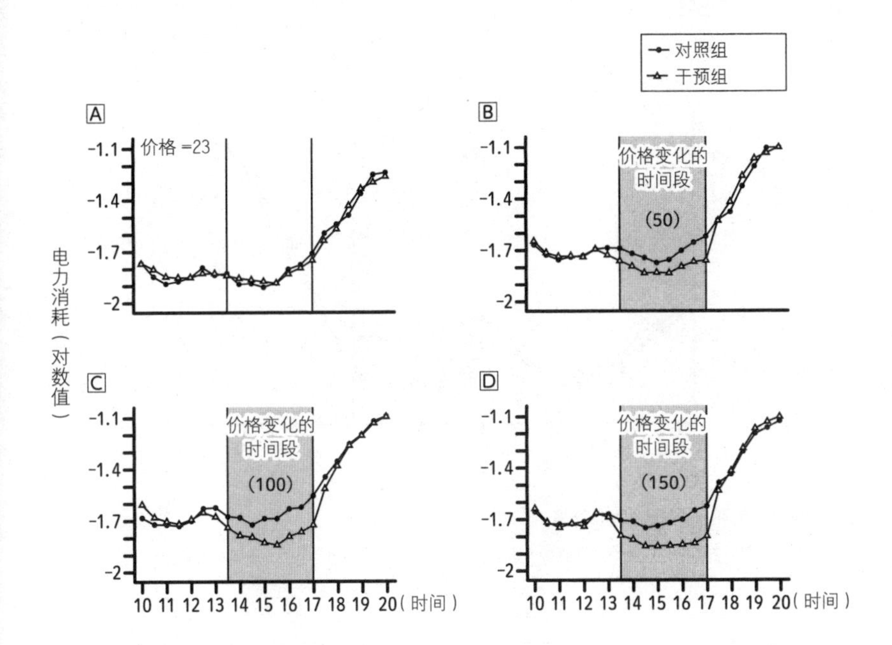

图 4　电力价格对电力消耗的影响

「データ分析の力 因果関係に迫る思考法」（伊藤公一朗／著）、光文社、2017をもとに作成。

可能有人会说，日本人素质这么高，呼吁大家自觉节约用电不就行了吗？何必采用这种强制提高电价的手段呢？但实际上呼吁自觉节约用电收效甚微。

图5是在京都、大阪、奈良进行的随机对照实验的结果。提高电价和呼吁节约用电，哪一种更有效呢？从图上可以看出，呼吁节约用电确实有一定的效果，但提高电价的效果更加明显。这说明与打感情牌相比，真金白银的效果更佳。

通过用干预效果进行调查，可以确定电力价格与节约用电之间存在因果关系。

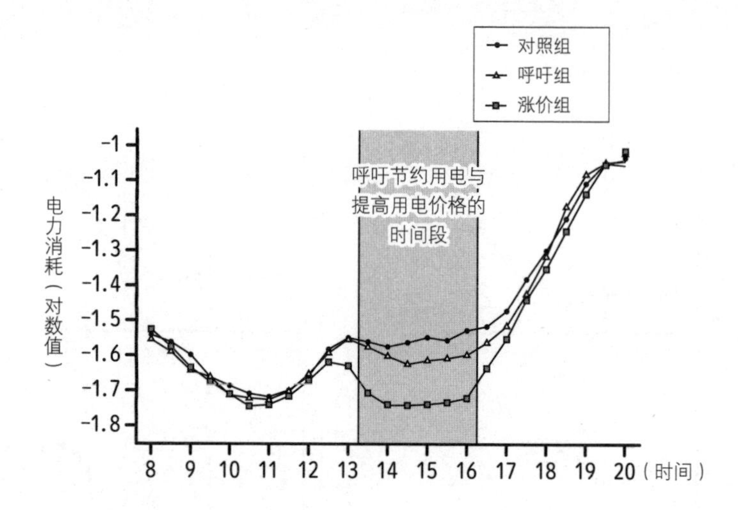

图 5　呼吁节约用电与提高用电价格

「データ分析の力 因果関係に迫る思考法」（伊藤公一朗／著）、光文社、2017をもとに作成。

大学中行之有效的节电方法

大学的用电量非常高。我所在的大学就是东京都内用电量最高的组织之一。单月内用电量一旦超出规定量，之后每天的电费就要接近 100 万日元（约 5 万元人民币），所以我真的希望大家能够节约用电。

那么，对于用电量较大的研究室，是应该采取处罚措施还是拜托他们节约用电呢？显然处罚措施更为有效。但有没有更好的办法呢？

比如在夏季的时候，12 点到 16 点自动关闭冷气。这样一来，没有人的房间里就不再制冷，而有人的房间则自然有人手动打开冷气开关。事实上，大学里有许多明明空无一人却依旧开着冷气的房间。所以，自动关闭冷气是个有效的省电方法。

还有一个方法是将研究室之中的冰箱全部取消。大学的研究室内大约有 4000 多个冰箱。但将这些冰箱全部取消之后，能起到节约用电的效果吗？答案是并不能。那么，还有什么更好的方法吗？

最好的方法是将所有的照明设备都更换为 LED。比如卫生间的灯是 24 小时不间断照明的。将其更换为 LED 就能节省很多电力。大学有几千个房间，如果将房间里的电灯全部换为 LED，节约用电的效果就会非常明显。像这样，只要改变一下思维模式就能达到节约用电的目的。

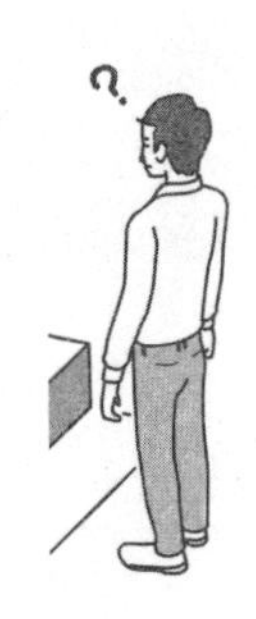

关于胆固醇的争论

关于相关关系和因果关系，还有一个非常著名的例子，那就是关于胆固醇的争论。

诸位读者之中有没有因为害怕胆固醇高而不吃鸡蛋的人？其实完全不必有这种担心，请大家往下看。

曾经有日本动脉硬化学会的医生说胆固醇对身体不好，高胆固醇容易引发心肌梗死。但日本脂肪营养学会却说血中胆固醇含量高的人更加长寿。这两个学会的说法完全相反。一个说胆固醇对身体有害，一个说胆固醇对身体有益。但似乎大家都比较相信医生的说法，所以才有人连鸡蛋都不敢吃了。

那么，让我们来看一下数据吧（图6）。纵轴代表死亡率，横轴代表血液中胆固醇的含量。从这个图可以看出，胆固醇含量位于中间是最好的，过高或过低都会导致死亡率增加。医生说的胆固醇高对身体不好指的是右侧的情况，营养学会说的胆固醇对人体有益是左侧的情况。应该说，在血液中胆固醇含量低于240的情况下，胆固醇是越高越好。至于为什么将基准线设定为240，是因为在2015年之前，医学界普遍认为胆固醇一旦高于240就会对人体有危险，超过240就必须服药治疗。但2015年之后就取消了对胆固醇上限的规定，服药的剂量也有所调整。

大家需要注意的是，胆固醇过高容易导致心肌梗死。反之，胆固醇低的人虽然很少心肌梗死，但很多患有癌症。因此，对身体最好的是保持胆固醇

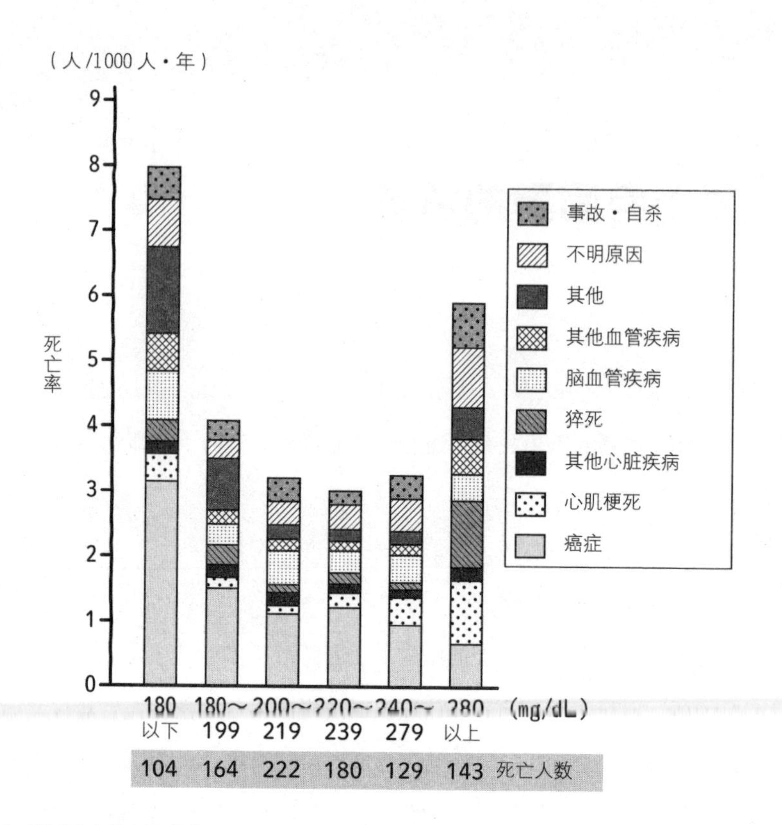

图6　胆固醇含量与死亡率

「日経メディカル2001年2月号」（日経メディカル／編）、日経BP、2001をもとに作成。

在220~239之间。

是低胆固醇致癌还是癌症导致胆固醇值降低？

从图6来看，大多数人会认为是低胆固醇容易导致罹患癌症。但实际上正好相反，是癌症导致胆固醇降低。由此可见，在分析数据的时候一定要注意因果关系。

有人对吃鸡蛋的问题进行了研究。一个鸡蛋的胆固醇含量为200~250毫克。吃鸡蛋前和吃4个鸡蛋之后，血液中胆固醇的含量几乎没有变化（图7）。也就是说，不管吃多少鸡蛋都没关系。血液中胆固醇的含量来自食物的只有20%~30%，其余70%~80%都是肝脏产生的。所以从结论上来说，吃鸡蛋会增加胆固醇完全是错误的说法。鸡蛋和牛奶都是非常有营养的食物。除了鸡蛋过敏的人之外，每个人都应该每天补充至少一个鸡蛋。

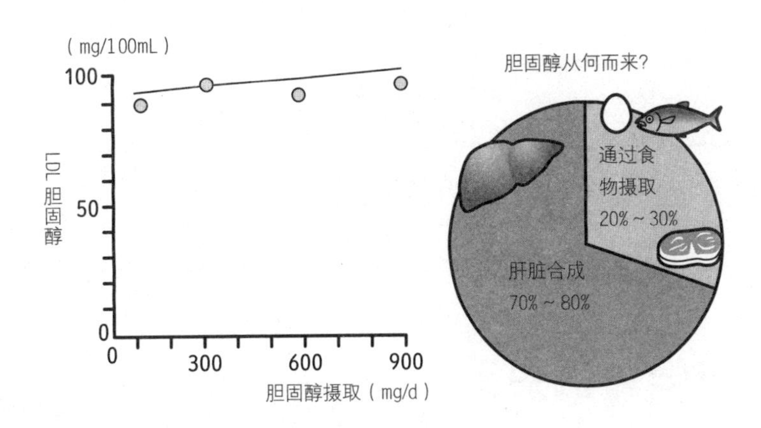

图7　不必担心从食物中摄取过多的胆固醇

女性不用担心

问题到这里还没有结束，请看图8。其中●和○代表男性，△代表女性，可以看出，即便胆固醇升高，女性的死亡率也没有什么变化，而男性的死亡率则有所提升。也就是说，胆固醇升高容易引发动脉硬化的是男性。但因为害怕胆固醇升高而不吃鸡蛋的大多是女性。如果您的母亲因为害怕胆固醇升高而不吃鸡蛋，您完全可以告诉她不必担心。像这样没有搞清楚因果关系的例子还有很多，所以在分析数据的时候一定要十分注意才行。

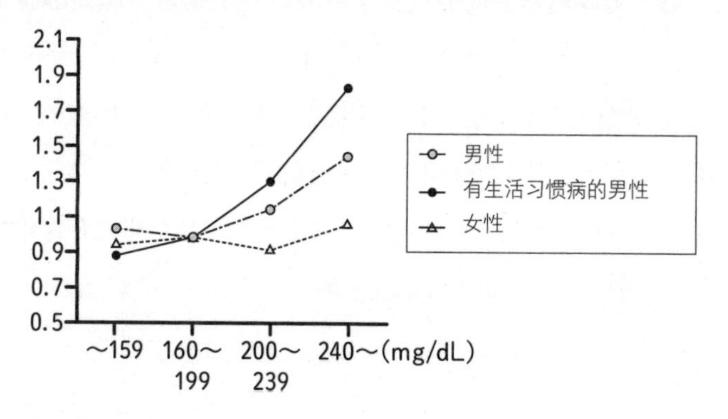

图 8 动脉硬化的死亡率

Jacobs D, et al：Circulation, 86：1046–1060, 1992をもとに作成。

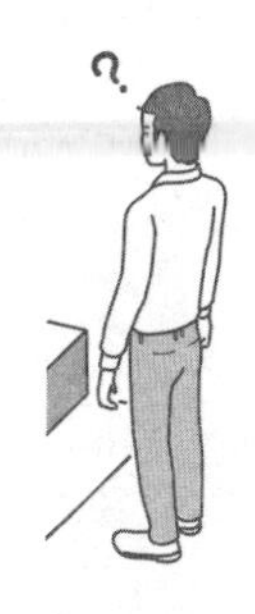

与学力的关系

请大家思考以下问题。

问 图9存在什么问题？

日本文部科学省曾经宣称“体力好的学生学力也高”。确实，体力测试的成绩与语文和数学成绩都存在相关关系。但体力好的学生学力也高吗？并非如此。问题出在哪里呢？问题在于**相关关系不等于因果关系**。或许两者反

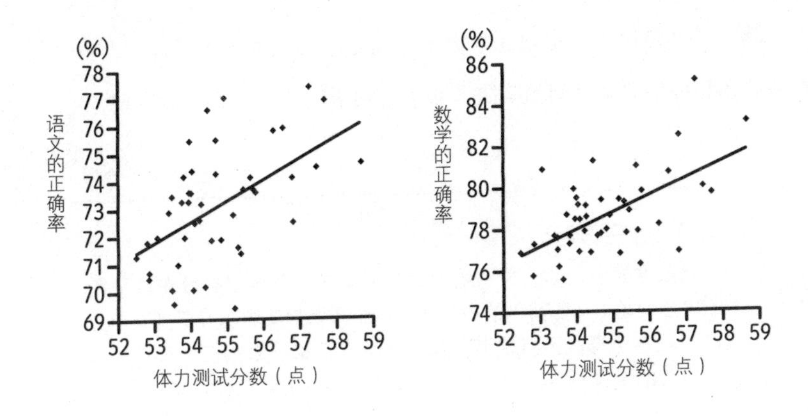

图 9　体力好的学生学力更高

「原因と結果の経済学」（中室牧子、津川友介／著）、ダイヤモンド社、2017をもとに作成。

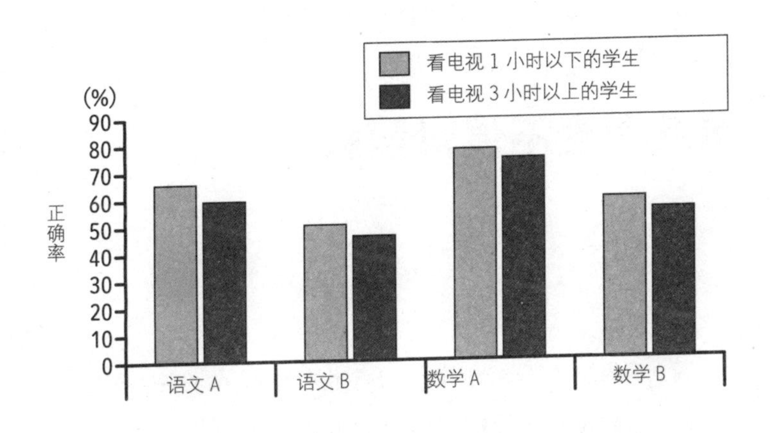

图 10　经常看电视的学生学力低

「原因と結果の経済学」（中室牧子、津川友介／著）、ダイヤモンド社、2017をもとに作成。

过来也成立，学力高的学生身体也健康，所以体力测试的成绩也很好。由此可见，无法确定两者之间存在因果关系。

图10也一样，这是表示语文与数学成绩的图表，将看电视时间在1小时以下的学生和3小时以上的学生进行对比，发现看电视时间长的学生成绩不好。于是日本文部科学省宣称经常看电视会导致学生的学力下降。但真是如此

吗？其实并不是因为看电视才学力低，而是学力低的学生看电视时间更长。相关关系和因果关系之间的陷阱，必须有很敏锐的洞察力才能发现。

吃巧克力会变聪明？

有数据表明，巧克力的消费量与诺贝尔奖获得者的数量成正比。巧克力吃得多的地方，聪明人的数量也多，那么要想变聪明就要多吃巧克力吗？这是不是有些奇怪？问题出在哪呢？其实真正的原因在于富裕的国家在教育上投入的资金更多。巧克力与变聪明之间只是存在相关关系罢了。

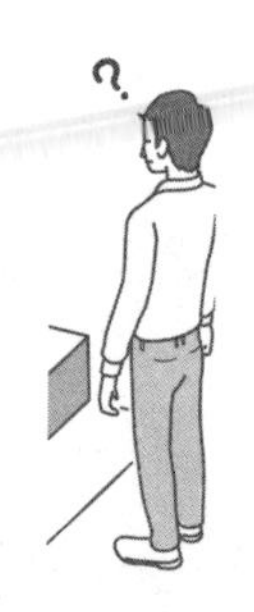

问卷调查不值得信赖？

问卷调查因为操作简单，所以是最常用的数据调查方法。但实际上问卷调查也有很多学问在里面。比如关于“居民满意度”的问卷调查，如果只有“非常满意”“不满意”的选项，那么回答基本都集中在中间部分。但如果加入“比较满意”的选项，那么回答就会集中在这个选项上（图11）。由此可见，**问卷调查的提出者完全可以操纵调查结果**。所以我们必须谨慎地考虑问卷调查是否值得信赖。

图12是日本人对韩国的好感度调查。如果有“不知道”这个选项的话，肯定最多的人选这个（A），其他数据则集中在中间区域。但如果在喜欢和讨厌的选项中增加“0”的选项，那么绝大多数的人都会选这个（B）。通过

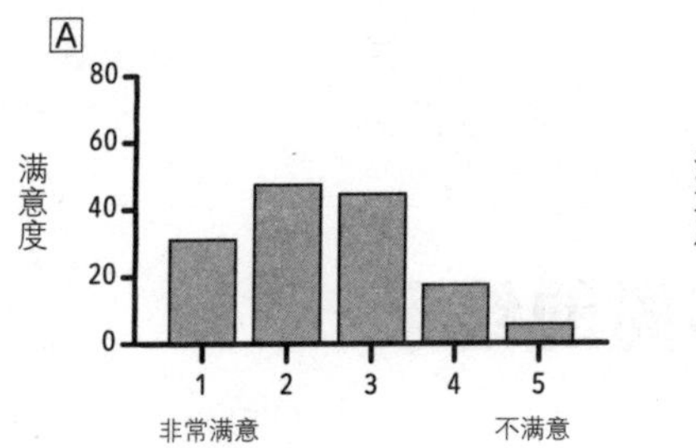

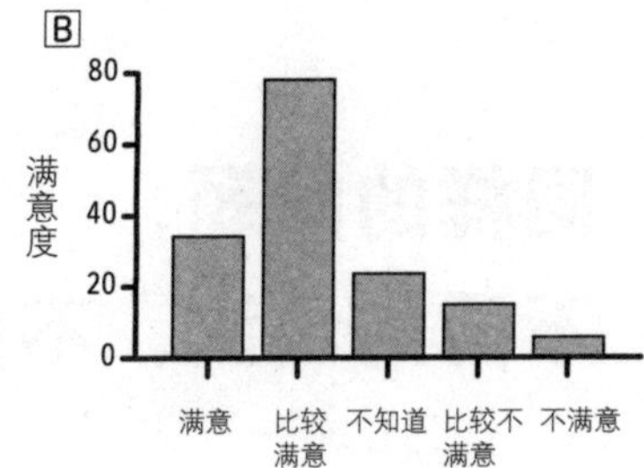

图 11　居民满意度调查

《原因与结果的经济学》（中室牧子、津川友介/著），钻石社，2017

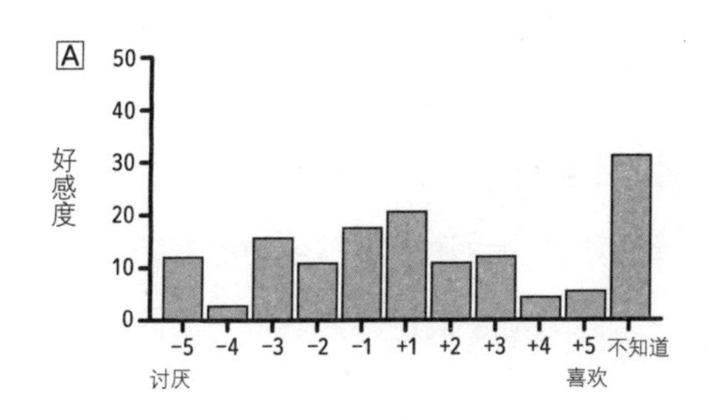

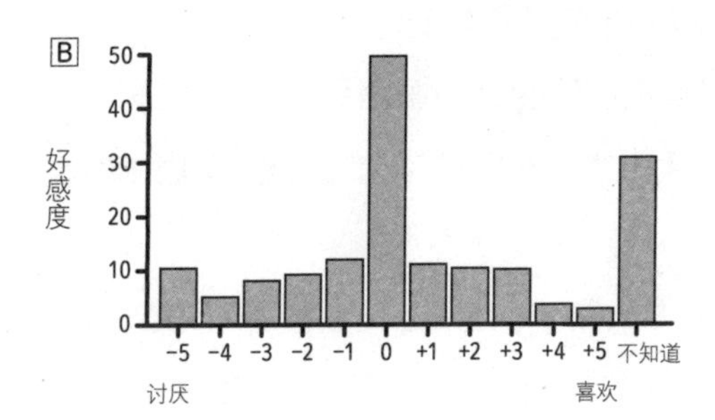

图 12　国家好感度（韩国）

《原因与结果的经济学》（中室牧子、津川友介/著），钻石社，2017

类似这样的操作，就能获得自己想要的调查结果。所以说问卷调查的方法存在很大的问题。

同样的问题，不同的说法，不同的结果

类似的还有其他例子。请看下面两个问题。①和②问的都是你喜欢哪种类型的老师。

问 ①你认为哪一个老师更好？

A. 虽然很照顾学生但讲课内容不生动的老师

B. 虽然不怎么照顾学生但讲课内容很生动的老师

问 ②你认为哪一个老师更好？

A. 虽然讲课内容不生动但很照顾学生的老师

B. 虽然讲课内容很生动但不怎么照顾学生的老师

除了提问的方法有所不同之外，①和②其实是完全相同的问题。虽然只是改变了一下语序，但得到的回答会有明显的差异。对于问题①，认为B“虽然不怎么照顾学生但讲课内容很生动的老师”更好的人接近80%，而对于问题②，B“虽然讲课内容很生动但不怎么照顾学生的老师”和①的B其实是同一个人，但认为其更好的人只有60%。由此可见，**人们更重视文字后半部分的内容**。在文字的后半部分使用肯定的表述能够得到更多的支持。所以在进行问卷调查的时候用这种方法就能得到自己想要的回答。

如何提高问卷调查的回收率？

做问卷调查时最理想的状态是当场让对象填写完毕然后直接回收问卷，但实际操作中很难实现，所以大多是通过邮递的方式。但这种方法的回收率并不理想。随机电话调查的回答率大约有 50%，但邮递问卷的回收率只有 30% 左右。怎样才能提高回收率呢？

有一种方法是赠送小礼品。拿到小礼品的话，大家就不好意思不回信了。此外，随问卷附送用来回信的信封和邮票也能提高回收率。问卷调查的内容太多大家就懒得写，所以要减少问题内容。在对方的姓名后面加上职位称呼也能提高回收率。比如加上学长之类的称呼就有很大概率能得到回信。还有就是以学生的名义发送调查问卷，很多人会出于同情而做出回答。更有趣的是，发送邮件的信封越大，得到回信的概率越高。很神奇吧？这就是人性。想要做问卷调查的读者不妨试一试这些方法吧。

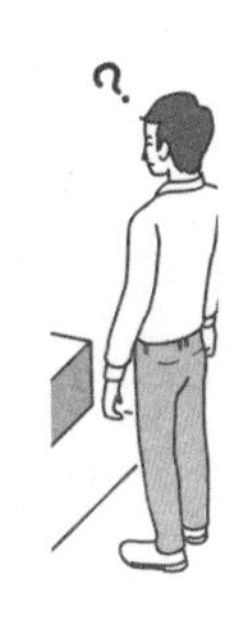

数据的可靠度

有科学依据的实验

本节我想给大家介绍一下关于数据可靠度的内容。我们要如何判断论文中写的内容是否准确呢？比如某种药物的效果，如果只有动物实验的有效数据就不能相信。只有经过临床实验、队列研究，或者在某地区长期观察后得出的数据才可靠。

在测试药物效果时，最常用的方法是对照临床试验。将参与者分为三组，一组服用测试药物，一组服用安慰剂，一组不服用任何药物。而在更多领域中比较常用的是随机对照实验，这样得出的结果才有可信度。请看图13。最可靠的测试方法是元分析，这是搜集大量研究结果，利用统计学的方法总结出一个结论的分析方法。

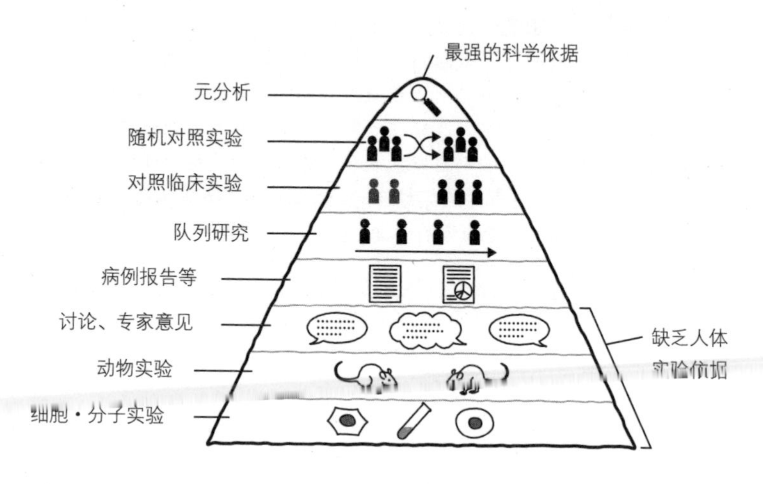

图13　各种分析方法的科学依据强度

实验要进行多少次？

一般来说，实验应该进行多少次得出的结果才可靠呢？比如想要知道某种药物是否具有使人兴奋的效果。

如果用小白鼠来做这个实验，需要用多少小白鼠才能得出可靠的数据呢？答案肯定是越多越好吧？但如果牺牲太多的小白鼠，或许会遭到动物保护协会的抗议。毕竟小白鼠也是生命，应该尽量减少无谓的牺牲。那么用4只小白鼠可以吗？样本数量太少，可能会因为个体差异导致实验结果出现误差。所以一般情况下，这样的实验会使用8只小白鼠。

如果用线虫作为实验对象的话，就需要大约20只。如果用黑猩猩呢？要想准备8只黑猩猩可是相当困难，就连4只都很难找到，所以只能用2只来凑合一下吧。

此外，如果有研究人员对其他人的研究结果感到怀疑，想自己测试一下是否正确，并不需要做8次。但只做1次的话也不可靠。所以做2次应该就能明白结果了。综上所述，分析数据的数量也很重要。

动物实验的 3R

动物实验一般遵循 3R 的人道主义原则，分别是尽量使用其他可替代品（Replacement）、尽量减少使用数量（Reduction）、尽量使用最合理的方法（Refinement）。因此正如前面提到过的那样，现在不会使用几百只动物来进行实验。日本在 2005 年修订了动物保护法，明确要求尽可能减少使用数量和尽可能减少实验过程中的痛苦。

谣言是怎么传开的?

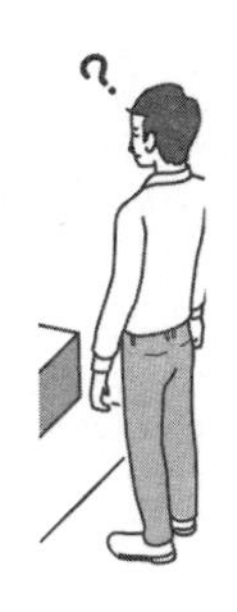

在本章的最后，我们来思考一下谣言为什么传播速度那么快。我们每个人都能从许多渠道接收信息，但你最相信从哪里获得的信息呢？可能很多人都对家人和朋友说的话深信不疑吧，但实际上虚假信息也往往是通过这种方式传播开来的。因为传播这些信息的人其实并没有故意欺骗的想法，只是因为感觉很有趣，就出于善意告诉别人了。

谣言流传那么广的原因，是绝大多数的人都相信朋友转发的信息。并没有人去调查转发的信息是否真实，最多也就是怀疑一下，但怀疑过后也就不了了之了，于是谣言就这样越传越广。

前面提到过的吃鸡蛋会使胆固醇升高对身体有害的说法，也是因为听起来很像那么回事，所以才流传开的吧？但这实际上是谣言。请大家记住，在对数据进行分析的时候，必须进行仔细的调查保证数据的准确度。**人类不愿自己思考，更相信别人说的话**。

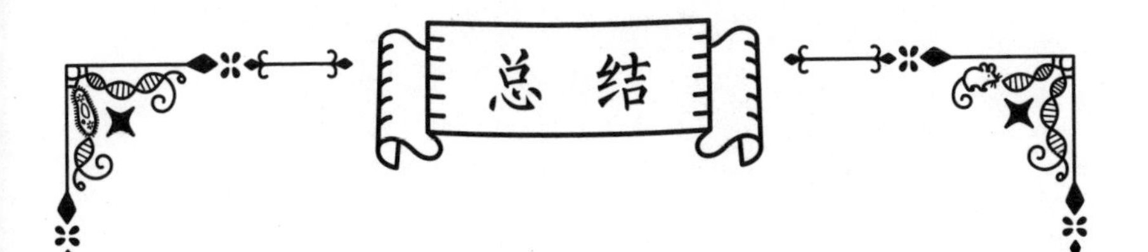

- 分析数据时要注意数据的偏差。
- 不要被相关关系迷惑，明确因果关系非常重要。
- 实验要重视科学依据。
- 谣言很容易传播。自己调查信息是否准确十分重要。

第4章

基因转换与iPS细胞、疫苗

人类的诞生

本章我想和大家探讨一下人类诞生与生命伦理的内容。

从受精到着床

图4-1是人类初期发育的示意图。精子与卵子结合后开始细胞分裂，变得越来越大，细胞分为三层，然后形成许多组织和器官（A）。受精卵如B所示在子宫中着床。着床指的是受精卵进入子宫内膜，并在其中发育壮大（C）。

细胞的分化能力

原本只有一个细胞，是如何产生出心脏、神经等许多组织和器官的呢？这就是生物最神奇的地方。原本完全相同的细胞，最终能够变成许多不同的器官和组织，这被称为细胞分化。为了搞清楚细胞分化的奥秘，科学家对两栖动物进行了研究。图4-2是对青蛙囊胚进行实验得出的结果。将囊胚的动物极切下，放入培养皿中，然后添加激活蛋白溶液。激活蛋白是一种增殖因子，通过调节激活蛋白的浓度，可以使组织切片发育成心肌组织、脊椎、神经组织等各种组织。由此可见，细胞分化就是由这些诱导物

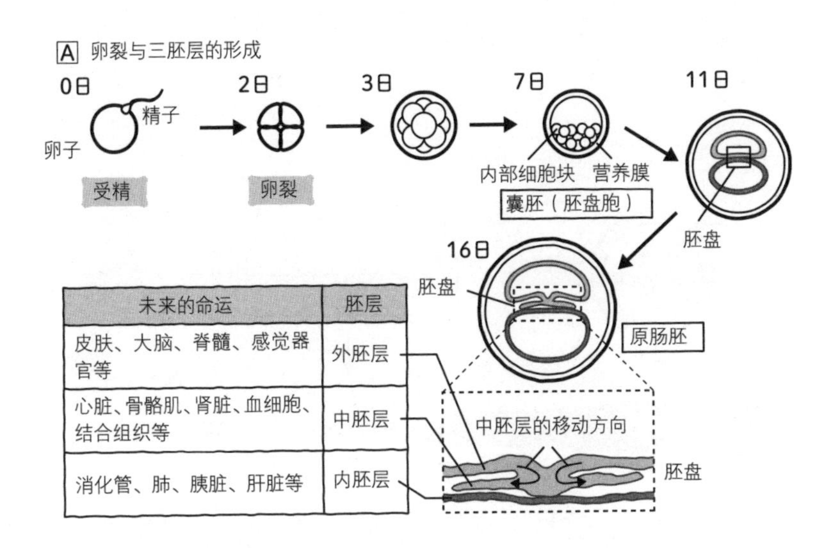

未来的命运	胚层
皮肤、大脑、脊髓、感觉器官等	外胚层
心脏、骨骼肌、肾脏、血细胞、结合组织等	中胚层
消化管、肺、胰脏、肝脏等	内胚层

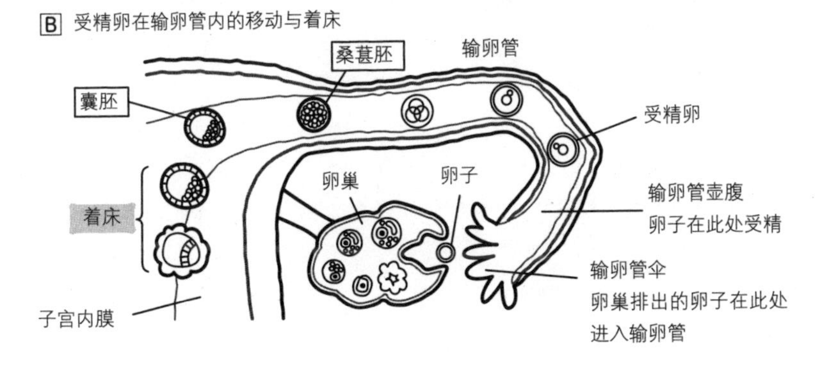

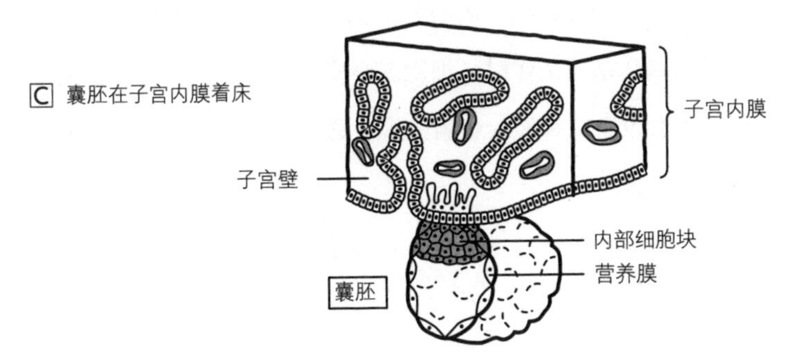

图 4–1　人类的受精与初期发育

「現代生命科学 第 3 版」（東京大学生命科学教科書編集委員会 / 編）、羊土社、2020をもとに作成。

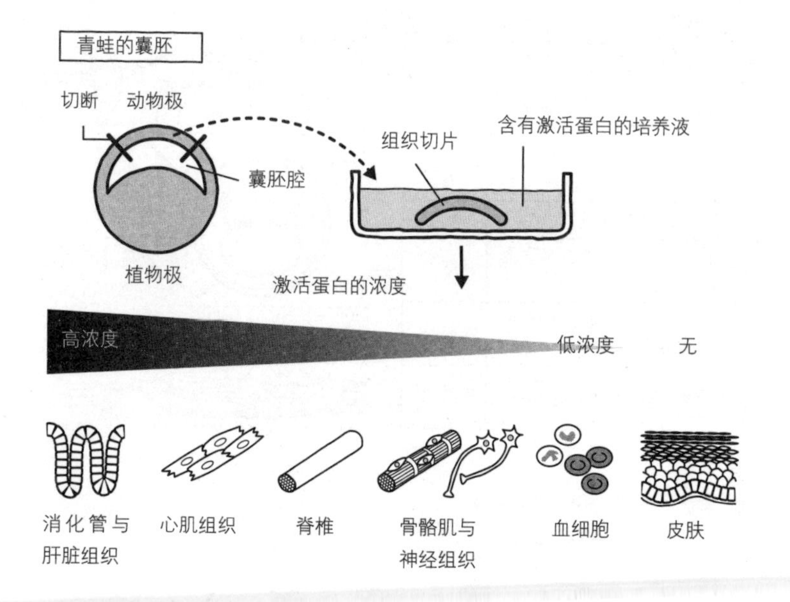

图 4–2　细胞的分化

「現代生命科学 第 3 版」（東京大学生命科学教科書編集委員会／編）、羊土社、2020をもとに作成。

质引起的。

而分化之所以能形成我们体内的各种脏器，主要是由遗传基因决定的。比如，当心脏的遗传基因工作时，细胞就会发育成心肌。而神经的遗传基因工作时，细胞就会发育成神经。也就是说，**通过改变工作的遗传基因，就能形成各种脏器和器官。**

再生医疗的现状

本节让我们来了解一下再生医疗。再生医疗就是利用干细胞（存在于血液中，可能变成各种组织的细胞）、ES细胞和iPS细胞生成脏器的医疗方法。

克隆与ES细胞

大家对克隆这个词并不陌生吧？克隆指的是利用人工技术创造另一个遗传基因完全相同的个体。图4-3就是克隆的具体操作过程。克隆可以通过核移植来完成。正如图4-3左上画的那样，从小白鼠的卵子中取出细胞核（去核）。然后将从其他小白鼠体内提取的细胞核植入其中——这并不是基因转换，只是替换了细胞核而已——这样就能创造出拥有完全相同遗传基因的克隆小白鼠。但需要注意的是，这种技术绝对不能用在人类身上。ES细胞和克隆一样，也是通过未受精的卵子制作的（图4-3B）。

iPS细胞的基因转换

现在比较常用的是iPS细胞。因为ES细胞只能从女性体内提取未受精的卵子来制作，在实际操作上有些困难。而iPS细胞可以用皮肤细胞来制作。提取皮肤细胞难度就非常低了，而且在伦理道德层面也没有什么问题，所以现在

A 用冷冻小白鼠克隆小白鼠的方法

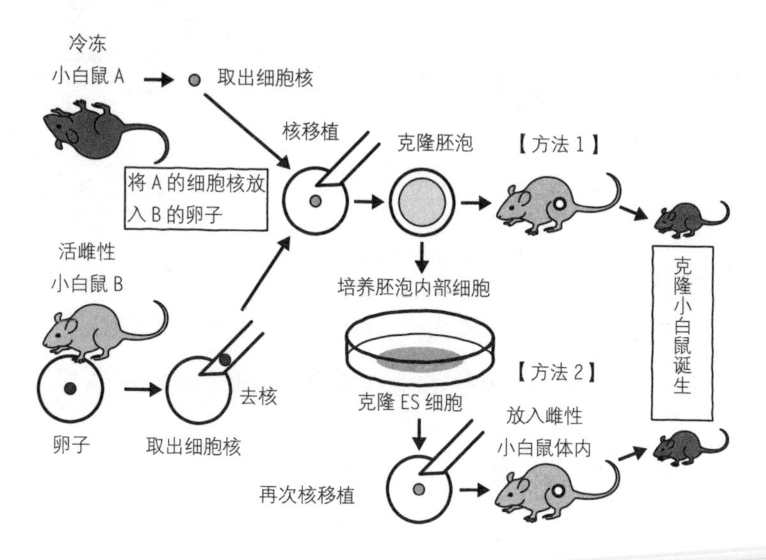

B 人类克隆胚的制作与使用流程

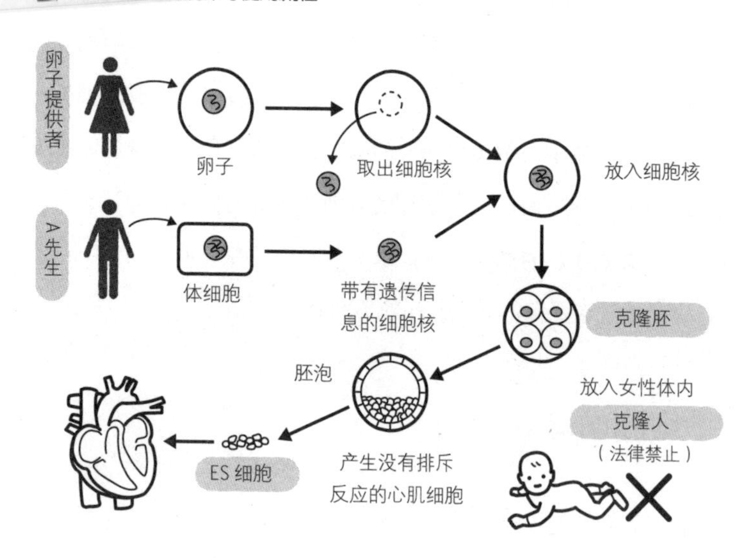

图 4–3 克隆与 ES 细胞的制作方法

iPS细胞成为热门话题。利用iPS细胞进行的再生医疗全都属于转基因技术。转基因就是基因转换，是对人类遗传基因进行直接的操作。也就是说，iPS细胞之中都导入了遗传基因。

iPS细胞的作用

iPS细胞和ES细胞是能够无限增殖且发展为各种组织和器官的人工多功能细胞。两者的区别在于，ES细胞是用未受精的卵子制作的，所以**可能出现排斥反应以及可能存在伦理道德问题**。但iPS细胞因为是从自己的皮肤上提取的，所以不会出现排斥反应，也没有伦理道德问题。从这个角度来说，iPS细胞更加优秀，山中伸弥先生也因此在2012年获得诺贝尔生理或医学奖。提取皮肤细胞，加入4个特定的遗传基因，就能产生iPS细胞（图4-4）。引导iPS细胞进行分化，就可以使其发展成为神经细胞、肌细胞、器官等各种人体组织，这样就能用来弥补人体缺失的部分。

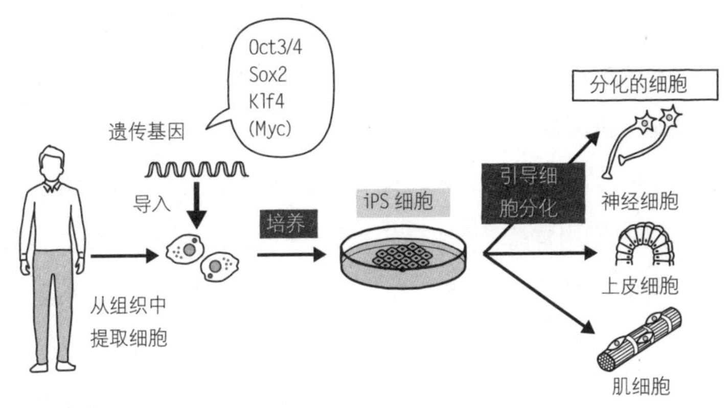

图 4-4　iPS 细胞

「現代生命科学 第3版」（東京大学生命科学教科書編集委員会／編、羊土社、2020をもとに作成。

比如利用iPS细胞制作肌肉，这样患有肌肉疾病的人就可以进行移植治疗。或者利用iPS细胞制作神经，或许可以用来治疗痴呆症。

除此之外，iPS细胞还可以用来实时追踪病变过程。比如从患者身上提取iPS细胞制作肌肉，就能搞清楚肌肉是怎样出现病变的，这样就能调查在病变出现后是否可以用药物治疗使其回复原状。也就是了解药物的有效性和副作用。由此可见，iPS细胞不仅可以用来进行器官移植，也是**对医学研究非常有用的细胞**。但要真正将这种技术用于人体移植却存在一些问题。因为iPS细胞进入人体后有导致癌症的风险，所以目前只有濒临死亡或没有其他选择的患者才会采用这种治疗方法。毕竟目前癌症还没有治愈的方法，而医疗手段必须考虑安全性。

关于iPS细胞的研究目前仍在进行之中。据山中先生介绍，**目前日本iPS细胞库已经能够覆盖日本30%的人口**。基本都来自即便移植给其他人也不会出现排斥反应的志愿者。另外，**在日本指定的300种疑难杂症之中，有150种以上都提取到了iPS细胞**。这些尚无有效治疗手段的疾病，今后或许也能够治愈。

iPS细胞有危险吗？

随着对iPS细胞研究的不断深入，也出现了与伦理道德相关的问题。因为**iPS细胞是通过基因转换产生的，也就是对人类的遗传基因进行了直接的操作**。对于将基因转换的细胞导入人类体内这个问题，一直以来都存在着不同的见解。说起转基因食品，可能很多人都感觉有害而不会去吃吧？但实际上吃进去的转基因食品都被胃肠消化掉了，并不会成为人体的一部分。而iPS细胞就不一样了，这可是将基因转换的细胞直接放入人体内并且成为人体的一部分。一般情况下这是绝对不能做的事情。但世人似乎对于山中先生获得诺贝尔奖并没有感到有什么不妥。事实上，关于iPS细胞的实际操作还是存在一定风险性的。接下来，我想和大家一起来思考一下关于遗传基因操作的伦理道德问题。

基因转换与 iPS 细胞

反对基因转换的人

首先让我们从转基因食品说起吧。关于转基因的详细内容，请大家参见第6章。究竟是什么人在反对基因转换呢？一部分人是出于宗教的原因提出反对，他们认为人类擅自改变自身的DNA是对神的亵渎。还有一部分人之所以反对基因转换，只因为那是美国企业孟山都公司［出版者注：孟山都公司是美国的一家跨国农业公司，是全球转基因（GE）种子的领先生产商］推出的产品，有人认为孟山都公司做了许多臭名昭著的事，而该公司开发转基因技术，妄图用种子控制世界。但转基因食品是否安全，比如吃了转基因食品之后有多少百分比的人出现了病变，目前尚无定论。实际上，转基因食品从出现到今天大家都吃了几十年，是否有因此而致病的情况还不得而知。

但大家也要知道，这个世界上还是有很多人反对基因转换技术。

反对的理由是什么

我曾经出席过许多与遗传基因转换相关的会议，每次在会议上我都会询问大家，为什么反对基因转换。有人说可能对人体有害，有人说吃了转基因食品可能导致过敏，有人说花粉扩散可能给环境造成意料之外的不利影响。总之，每个人都有自己的理由。但最大的论断是，基因转换就算不危险，也称不上安全。确实，没人能保证基因转换绝对安全，但也无法证明其危险性。他们反对的理由大多是心理上的厌恶，比如不喜欢装模作样的学者说那些冠冕堂皇的话，讨厌大企业赚太多的钱等。这些可能不是从科学的角度展开的讨论。除此之外，还有的人可能是为了将非转基因食品卖高价而故意抹黑转基因食品。

iPS细胞的矛盾

当问那些反对转基因食品的日本人是否支持iPS细胞时，他们都回答“因为iPS细胞是日本山中伸弥先生发现的，所以没有问题”。明明都是基因转换技术的产物，为什么对iPS细胞如此宽容呢？实在是太不可思议了。从我个人的立场来说，我认为从科研角度讲，基因转换技术没有什么问题。尤其转基因食品，因为价格便宜、产量高，对于食物匮乏的地区是较好的技术。但反对转基因技术的人却翻出许多年前的论文，宣称连蝴蝶吃了转基因食物之后都死掉了。尽管这篇论文早已经被证明是假的，他们却一直不肯承认，还坚持说论文内容都是真的。

还有很多日本人反对转基因食品的理由是“欧盟也反对”，这应该是自己没有认真思考。欧盟的法院禁止基因编辑食品与转基因食品，但欧盟认为被放射线照射过的遗传基因变异是安全的（**译者注：这里指的是辐照食品。辐照是一种新型的灭菌保鲜技术，用铯137、钴60等放射线对粮、蔬、果、肉、调味品、药品等进行灭菌和减活**）。这就有些奇怪了。被放射线照射过的DNA会变得乱七八糟，如果这都不怕，那么为什么怕基因编辑和转基因呢？欧盟给出的理由是，辐照食品已经吃了好几年，对安全没有影响。由此可见，欧盟的反对并非理由充分。他们可能不是从科学的角度出发，大部分是由于宗教的理由而反对。认为将遗传基因导入自然生物这件事本身就是错误的。但按照他们的逻辑，iPS细胞技术也应该禁止。而事实上他们却支持iPS细胞技术。这个世界上的人就是这么复杂。

麻疹疫苗的接种

让我们从生命伦理的角度来思考一下麻疹疫苗吧。

疫苗的预防效果

麻疹曾是全世界范围内流行的疾病。20世纪80年代，麻疹一年能够感染2000万人，其中260万人死亡。现在麻疹一年仍然能够感染2000万人，但死亡人数减少到了10万人。这都多亏了疫苗。只要接种疫苗，就能有效地预防疾病。大家想一想，2000万人感染，其中200万人死亡，死亡率比现在流行的新冠还要高，可见麻疹是非常可怕的传染病。而新冠肺炎未来会发展成什么样，我们现在还不得而知。

但在日本，仍然有很多人反对接种麻疹疫苗。这些人为了不让孩子接种疫苗，甚至呼吁废除接种疫苗的义务。这可是个非常严重的问题。按照正常的思维来说，打疫苗能够有效地降低麻疹发病率。即便如此，这个世界上还是有家长不肯让自己的孩子接种疫苗。反对义务接种疫苗的人建立了网站，有十几万注册用户，这个网站只发表与疫苗有害、疫苗危险有关的科学论文。

不会使疾病扩散的接种率

问 一般来说，疫苗接种率达到多少才能保证疾病不在国内扩散？

如今，日本的麻疹疫苗接种率超过90%。一般来说，当疫苗接种率达到95%以上，相应疾病就无法扩散（图4-5A）。但如果低于95%就有很大的概率扩散（图4-5B）。绝大多数的疫苗都遵循这个规律。因此，疫苗的接种率目标一般在95%以上。但反对疫苗的人至少也有那么百分之几。

以美国为例，即便像美国这样的发达国家，也有百分之几的人坚决反对接种疫苗。不仅如此，还有1/3的美国人对是否接种疫苗持犹豫的态度。虽然他们并不是坚决反对，但如果有人提出反对的话他们也会拒绝接种疫苗。这

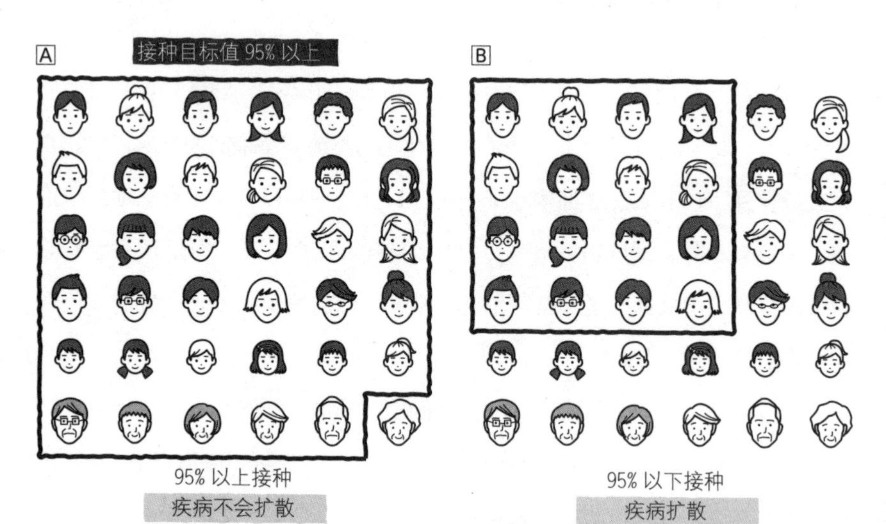

图 4-5 疫苗的接种目标

会导致什么后果呢？答案是导致麻疹大流行。因为这么多人拒绝接种疫苗，会使疫苗接种数量无法达到95%的目标值，从而使得疾病扩散。

任何医疗都有副作用

2019年，WHO（世界卫生组织）指出“拒绝接种麻疹疫苗已经成为威胁全球健康的巨大挑战”。让我们来听一听反对派的意见吧。拒绝接种疫苗的人提出的主要理由是：不知道疫苗中含有哪些成分，疫苗有副作用等。但实际上，任何医疗都有副作用，关键在于利大于弊还是弊大于利。尽管接种疫苗是利大于弊的，但反对接种疫苗的人显然并不这么认为。

医疗与教育的问题

麻疹在某些发展中国家，比如也门和委内瑞拉流行，是因为医疗覆盖率不够。发达国家就不会出现这样的问题，比如葡萄牙和瑞典，麻疹疫苗的接种率都在 95% 以上。接受过高等教育的人几乎都会接种疫苗。而美国的部分地区以及英国低收入群体聚居区的疫苗接种率就会下降。经过调查发现，有 1/3 的孩子因为家庭住址发生了改变而无法取得联络，导致无法按时接种疫苗。像这样的地区传染病就很容易流行。

是疫苗的问题吗？

让我们来总结一下。一般情况下疫苗都是安全的，接种疫苗也不会出现任何不良反应。但当接种疫苗的人数增加，偶尔也会有一两例的不良反应。正如前面提到过的那样，任何医疗都有副作用。出现这种情况是无能为力的。比如有的孩子在接种疫苗之后出现了自闭症。实际上并不能证明两者之间是否存在因果关系。或许这个孩子就是容易自闭的人，也可能是因为接种疫苗引起的。但不管怎样，当这个孩子接种疫苗并出现自闭症之后，就会有人宣传“疫苗不安全”。即便绝大多数的人都因为接种疫苗而不会感染麻疹，但这并不会引起人们的重视。反而是非常少见的不良反应能够引发巨大的反响，使更多的人拒绝接种疫苗。但这只会导致麻疹大流行，让所有人都付出沉重的代价。

利大于弊

事实上，纽约虔诚的犹太教徒、南加利福尼亚的私立学校、明尼阿波利斯的索马里移民等，都出于各种各样的理由拒绝接种疫苗，结果就是麻疹在这些地区严重爆发。一般说来，疫苗是利大于弊的。这一点只需要对概率进行计算就能明白。任何事情都有概率。不吸烟的人也可能得肺癌，而吸烟的人也可能不得肺癌。但吸烟的人得肺癌的概率要高于不吸烟的人，所以还是不吸烟的好。

疫苗也一样。接种疫苗后出现自闭症，很容易使人认为自闭症是接种疫苗引起的，而且将责任推给疫苗或许还能拿到赔偿金。这种事情很常见吧?实际上并不能证明两者之间存在因果关系，这只是非常偶然的事件。

同样的还有流感。即便接种了流感疫苗，仍然有可能被传染流感，而即便不接种流感疫苗也可能不会被传染。但如果在人群聚集的地方，还是接种过疫苗的人比没有接种疫苗的人对流感的抵抗力更强。这都是概率的问题。为了大家的健康着想，还是接种疫苗更好。

负责任的选择

现在我们得出的结论就是，**任何事情都有概率**。不了解概率的人就容易吃亏。但不了解这一点的人在世界上任何国家之中都占一半左右。那些反对疫苗的人只相信对自己有利的信息，这会对社会造成损失。因为不接种疫苗的人会使疾病扩散，所以有许多国家都强制要求居民接种疫苗。

我希望大家也能仔细地思考一下，**一定要自己认清事实**。接种疫苗出现副作用的可能性是多少？不接种疫苗被传染的可能性是多少？当然，是否接种疫苗需要你自己来做出决定。但不接种疫苗可能会给其他人造成伤害，有的国家还会对不履行接种义务的人施加惩罚。所以大家还是应该充分地了解一下接种疫苗的安全性与出现副作用的概率。

或许看完我说的这些话，还是有人坚决反对接种疫苗，但我希望每个人都能做出负责任的选择。因为你的选择关系到他人与社会的安全与健康。请务必考虑清楚这一点。

如何让尽可能多的人接种疫苗

新冠疫情已经席卷整个世界，在这种情况下应该没有人反对接种疫苗了吧？但实际上还是有很多人选择不接种疫苗。他们的理由是疫苗有副作用。实际上不止疫苗，所有的医疗行为都有副作用。所以必须将利和弊放在天平上衡量一下。

怎样才能提高疫苗的接种率呢？方法有很多。最简单的办法就是通过法律手段来强制要求接种疫苗。此外还可以通过教育来让民众认识到接种疫苗的重要性，但这个方法比较困难。因为不管怎么宣传和教育，都会有接近一半的人反对接种疫苗。在美国的部分地区，不允许没接种疫苗的学生进入学校，还会对其家长处以罚金。因为如果不这样做，就会对整个社会造成危害。但没有人愿意这样，不管是强制的一方还是被强制的一方。所以还是尽量通过教育和交流来解决问题最好。

不仅新冠，像本书开头提到过的MARS那种死亡率非常高的疾病（超过30%），一旦爆发，如果没有疫苗就完全控制不住。到了那个时候如果还有反对接种疫苗的人就太可怕了。所以必须未雨绸缪地做好准备。

问 为什么有那么多人反对疫苗?

在反对的人中，也有不少高学历的人和女性。他们为什么反对呢？主要是因为这些人只关注疫苗的副作用，也就是有害的部分，对疫苗的好处却视而不见。确实，接种疫苗的好处并不明显。对绝大多数的人来说，仅仅不容易感染疾病也算不上什么好处。那些拒绝接种疫苗的人，相信自己就算不打疫苗也不会被传染。很神奇吧？高学历的人大多单身，害怕因为疫苗的副作用影响工作。女性则害怕疫苗的副作用会影响生育，所以她们要求完全没有副作用的疫苗。但这是不可能的，**所有的医疗行为都有副作用**。

医疗可以说就是追求利大于弊的博弈。手术就是最典型的例子。手术都是有风险的，但手术能够治病，所以大家都接受做手术。但疫苗的好处并不明显，就算因为疫苗的保护没有被传染，很多人也感觉不到。而疫苗的副作用一旦出现就会非常明显，所以才会有那么多人拒绝接种疫苗。因为接种疫苗而出现副作用的人一定会追究责任。这种行为虽然可以理解但实际上并不正确。

问 思考解决副作用的办法

任何疫苗都必然有副作用。为了避免因为接种疫苗的副作用出现纠纷，接种疫苗的相关人员和企业都会在这个问题上免责，这是理所当然的，也必须这样做。但出现副作用的人确实值得同情，为了补救，应该建立起相应的补偿制度。这应该是一个相对比较合适的解决办法。

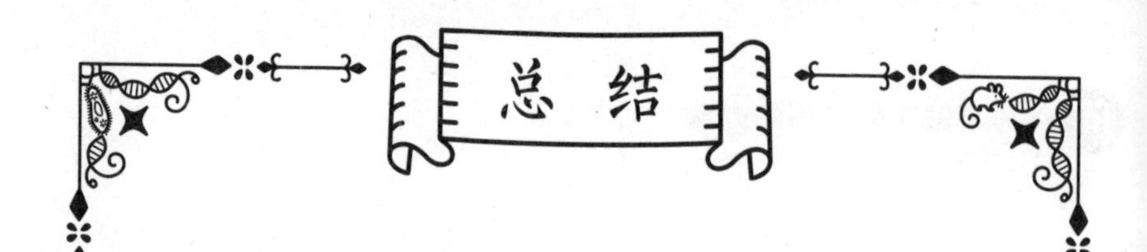

- 随着iPS细胞研究的不断深入，很多之前无法治疗的疾病或许也能被治愈。
- iPS细胞与转基因食品都利用了遗传基因导入的技术。
- 任何医疗都有副作用，所以思考利与弊的概率非常重要。
- 如果有人不接种疫苗，疾病就很容易扩散（接种目标为95%）。

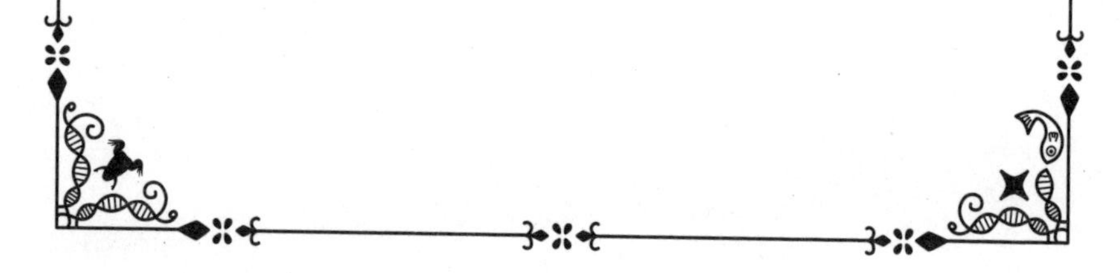

第 5 章

环境、生物与放射性衰变

生物从何而来?

在本章中，我想和大家谈一谈环境与生物的内容。达尔文（1809—1882）在环游世界时途经加拉帕戈斯群岛，他在这个岛上发现了很多有趣的生物，成为促使他提出进化论的灵感。首先就让我们从进化论开始吧。

图5-1是南美洲地区的示意图。在海的对面有十几个火山喷发形成的岛屿，这就是加拉帕戈斯群岛。在这个群岛上生活着象龟和陆鬣蜥，还有其他非常少见的特殊生物。因为象龟在西班牙语中叫作“加拉帕戈斯”，所以这里被称为加拉帕戈斯群岛。

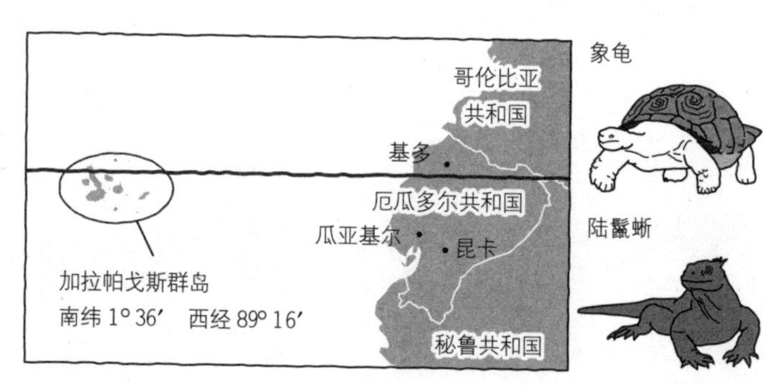

图 5-1　加拉帕戈斯群岛

这些生物是怎么来到加拉帕戈斯群岛的?

这个问题恐怕很难回答吧？因为加拉帕戈斯群岛是由火山喷发形成的岛

屿，原本没有任何生物。那么，岛上的生物是从哪里来的呢？或许是从海上游过来或者从天上飞过来的吧？

以前曾经有人将象龟放进大海里，结果发现象龟被淹死了（请千万不要模仿）。这说明象龟并不是从海上游过来的。那么，这些生物到底是从哪里来的呢？是从其他大陆飞过来的吗？距离最近的大陆也在1000千米之外，飞过来的可能性不大。既然如此，答案就只有一个。请看图5-2。

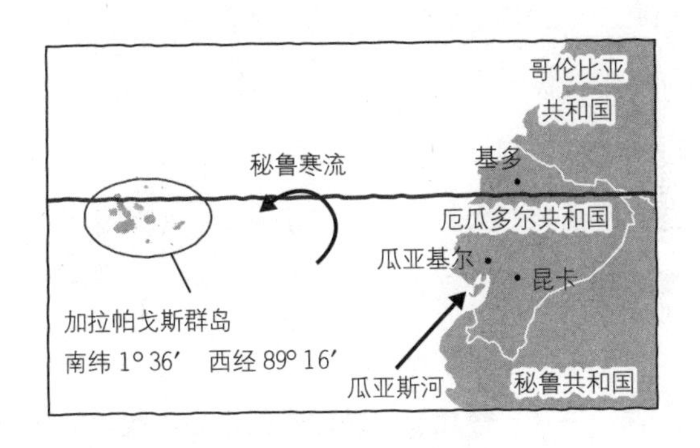

图 5-2　瓜亚斯河

①瓜亚斯河沿岸的动植物和加拉帕戈斯群岛的非常相似。

②秘鲁寒流途经此地。

大家看出来了吗？答案是瓜亚斯河沿岸的动植物的种子和卵，顺着秘鲁寒流漂流到加拉帕戈斯群岛。应该是在瓜亚斯河发洪水的时候和树干之类的漂浮物一起漂流过去的。像这样，将所有的线索穿到一起得出答案的逻辑思考能力非常重要。后来世人也确实发现瓜亚斯河的漂浮物漂流到了加拉帕戈斯群岛，证明了上述结论。

适者生存

环境会对进化造成怎样的影响呢？达尔文发现，在加拉帕戈斯群岛上生活的雀类拥有许多形状各异的喙（图5-3）。因为生活在不同岛屿上的雀的种类各不相同。经过观察发现，喙比较细小的雀类主要以小且软的种子为食，而喙比较粗大的雀类主要以大且坚硬的种子为食。也就是说，**适应周围植物生长环境的雀类生存了下来**。这也是达尔文进化论的理论之一，进化是为了适应环境。

但经过实际调查发现，**喙比较粗大的雀类也会吃柔软的种子**。这也是理所当然的，因为小且软的种子肯定比坚硬的种子更好吃。但在岛屿进入旱季的时候，喙比较粗大的雀类就会开始吃坚硬的种子。也就是说，**喙比较粗大的雀类虽然平时吃柔软的种子，但在食物匮乏的时候也能吃坚硬的种子**。像这样的情况如果不仔细观察的话就很难发现。

什么样的个体对生存有利？

科学家们对加拉帕戈斯群岛的各个岛屿上生活的鸟类进行了调查。结果发现，在平塔岛和马切纳岛上只有大型喙（中嘴地雀）和小型喙（小嘴地

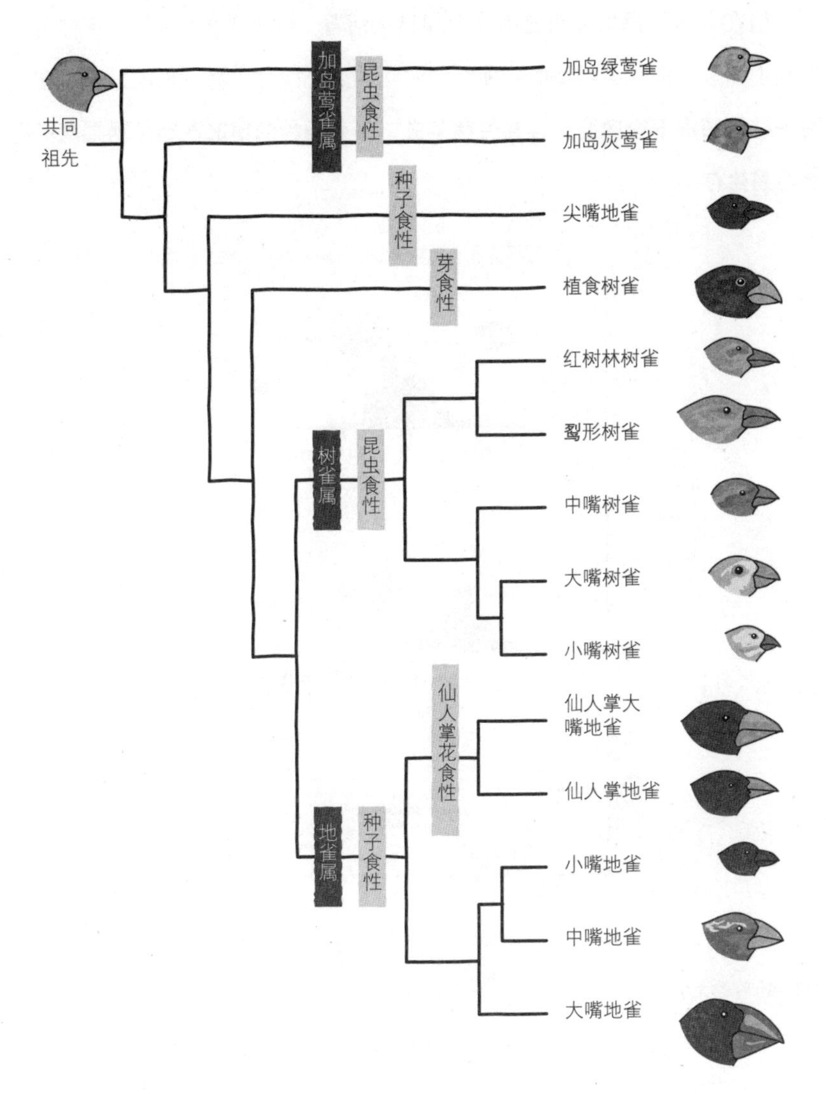

图 5–3　达尔文雀的系统树

雀）的鸟，而没有中间型的鸟（图5–4）。这被称为截断选择，说明存在许多种喙时，中间型处于不利地位，而位于两端的个体较为有利，因此能够生存下来。所以在这些岛屿上存在两种鸟。

但在大达夫尼岛和四兄弟岛上却只生活着一种鸟（图5-4），这种鸟大多是中间型，因为中间型的喙能够同时吃到大小两种食物。也就是说，在**只有一种的情况下中间型更容易生存下去，而有两种的情况下则是两端的类型更容易生存。**

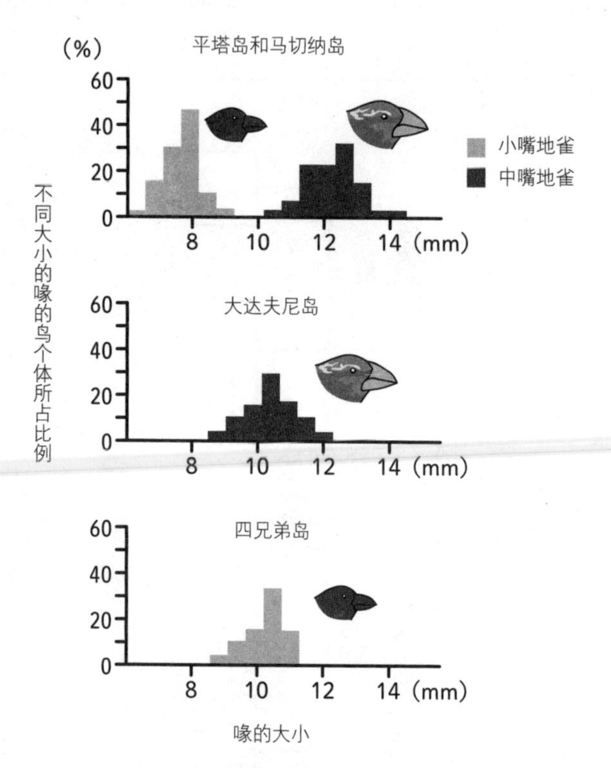

图 5-4 喙的大小

人类也能适应环境?

人类也有适应环境的能力，比如在平均气温比较高的地区生活的人更喜欢吃辛辣的食物。印度人经常吃咖喱，但居住在寒冷地区的人却不怎么吃咖喱。可能有人认为吃咖喱会使身体感到温暖，生活在寒冷地区的人才应该多吃一些。但实际上是因为炎热的地区很容易滋生细菌，所以生活在那里的人喜欢吃具有杀菌作用的辛辣食物。这是个很有趣的例子吧?

对食物变化的适应

口器的长度

还有很多适应环境的例子。图5-5是一种名为蝽的昆虫。蝽将口器刺入果实之中，吸食果实的种子。左侧圆形的果实因为种子距离外层较远，所以只有口器很长的蝽才能吃到。但忽然有一天这种植物开始缩小变成右侧那样。当植物变小的时候，口器比较短小的蝽就会更有优势，于是这种蝽就存活了下来。这就是根据食物的变化而出现的适应。

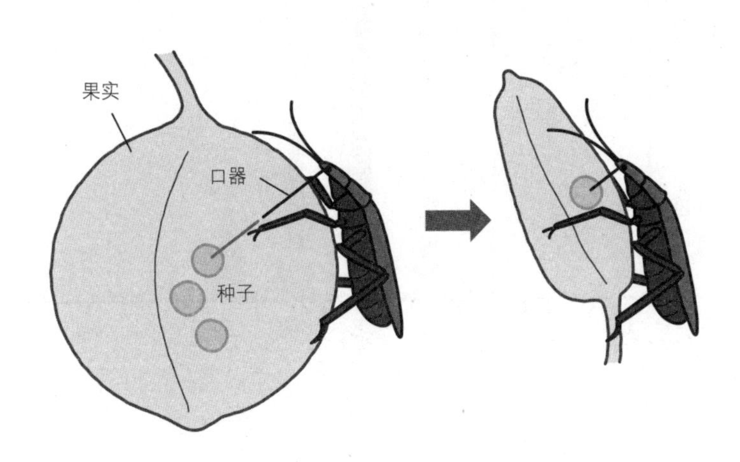

图 5-5　适应环境

淀粉酶的活性

因为生活习惯等原因使遗传基因遭到淘汰的例子也有很多。以大米（高淀粉食物）为主食的地区和其他地区相比，居民体内淀粉酶（用于分解淀粉的酶）遗传基因的数量不一样。

淀粉酶活性高的话会限制胰岛素的分泌，使人不容易变胖。图5-6是日本人淀粉酶遗传基因的多态性，表示拥有多少淀粉酶遗传基因。以大米为主食的日本人与欧美人相比，淀粉酶遗传基因的数量更多。这是因为在以大米为主食的地区，含有更多淀粉酶遗传基因的人淀粉酶的活性更高，不容易变胖，所以生存下去的概率更高。

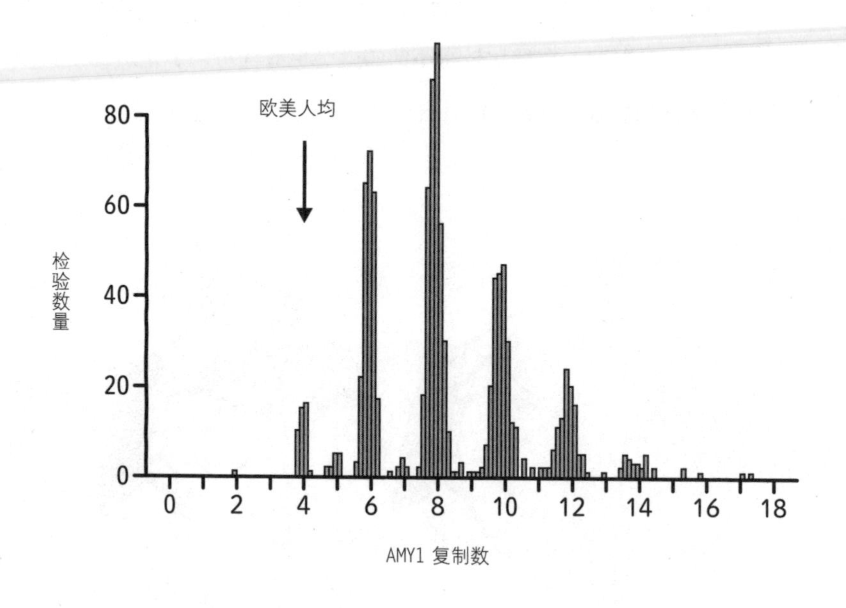

图 5–6　日本人淀粉酶遗传基因的多态性

Nagasaki M, et al：Nature communications, 6：8018, 2015をもとに作成。

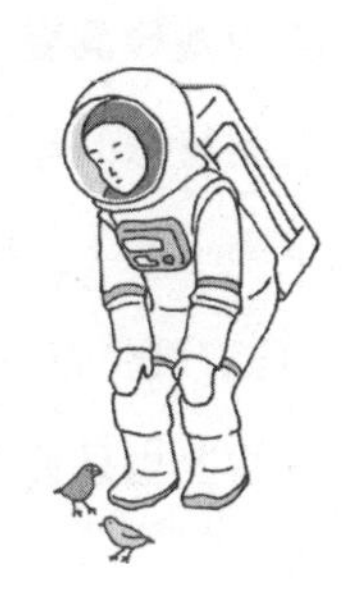

偶然出现的进化

有的时候，进化是偶然出现的。如图5-7所示，本来有很多种青蛙，但因为偶然的原因，种A的青蛙数量减少，种B的青蛙数量增加。这种现象被

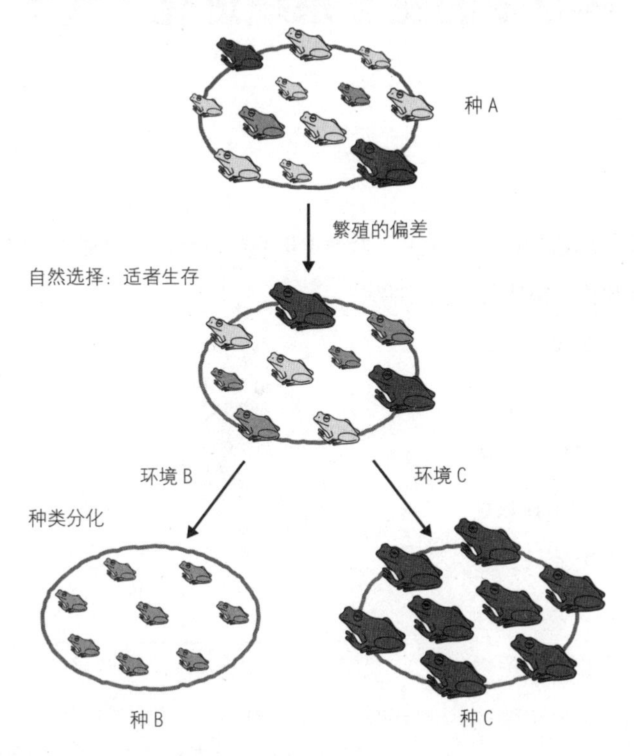

图 5-7　遗传漂变与自然选择学说

称为**遗传漂变**。在遗传漂变的影响下，种群的比例发生改变。随后，如果遇到特殊的环境变化，只适合种B的青蛙生存，那么就只有种B的青蛙生存下来（左）。反之，如果特殊的环境只适合种C的青蛙生存，那么就只有种C的青蛙生存下来（右）。这种适者生存的进化被称为自然选择学说，但这种情况也是偶然发生的。在遗传漂变的情况下也能够决定物种向哪个方向发展。

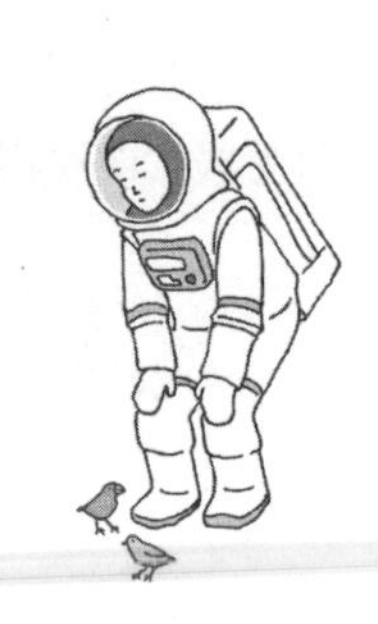

干旱导致的生态系统进化

比如某座岛屿出现了干旱，因为干旱会对植物造成影响，以植物为食的鸟类的进化也会因此而受到影响。

在加拉帕戈斯群岛的大达夫尼岛上，曾经生活着上千只雀，但由于环境的变化，其数量减少到了180余只。为什么种群数量会出现如此巨大的变化呢？原因在于喙的尺寸发生了改变（图5-8）。原本这

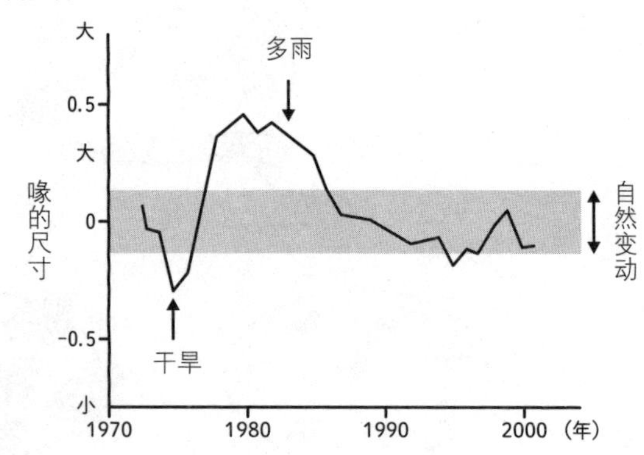

图 5-8　喙的尺寸变迁

「ケイン生物学 第5版」（上村慎吾／監訳）、東京化学同人、2014をもとに作成。

个岛屿上生活的都是中间型的地雀，但在干旱来临之后，喙比较大的雀数量开始增加，因为喙比较小的雀无法吃又大又硬的种子，所以都死掉了。幸存下来的喙比较大的雀开始繁衍后代，过了几年之后就会发生戏剧性的进化。随后又遇到雨季，植物大量生长，出现了又小又软的种子，于是这些雀的喙不需要那么大，就又逐渐变小了。很多人都以为进化需要成千上万年的时间，但事实证明有时候很短的时间也能完成进化，能耐干旱且能以大型植物为食的种类就能够生存下去。

生殖隔离

接下来我们了解一下果蝇。果蝇的主要食物是糖分，但一直以淀粉为食的果蝇和一直以麦芽糖为食的果蝇，如果放在一起的话会发生什么呢？先说结论，以淀粉为食的雌性果蝇，倾向于选择以淀粉为食的雄性果蝇交配。反之也一样，以麦芽糖为食的雌性果蝇则倾向于选择以麦芽糖为食的雄性果蝇交配。这可能是因为食用同样的食物，身上会散发出相同的气味吧。

像这样**选择相同类型的异性进行繁殖**的行为被称为生殖隔离，是自然界中很常见的现象。

基因表达的进化

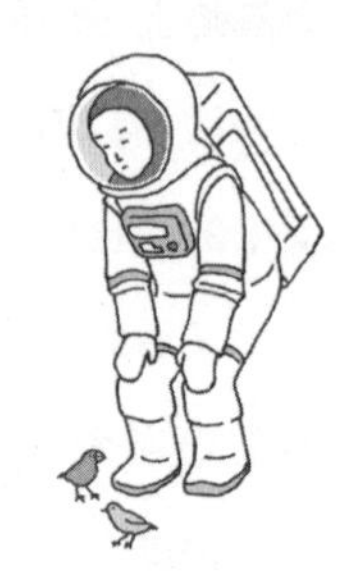

再来看更加神奇的大肠埃希菌。大肠埃希菌同样以糖分为食。图5-9是科学家们将糖分供给从乳糖变更为阿卡波糖，以此对大肠埃希菌的基因表达进行研究的示意图。当给大肠埃希菌供给乳糖时，能够利用乳糖的大肠埃希菌数量就会增加。也就是说，乳糖分解酶的遗传基因处于打开状态。因为周围都是乳糖，所以必须将能够利用乳糖的遗传基因打开，同时阿卡波糖分解

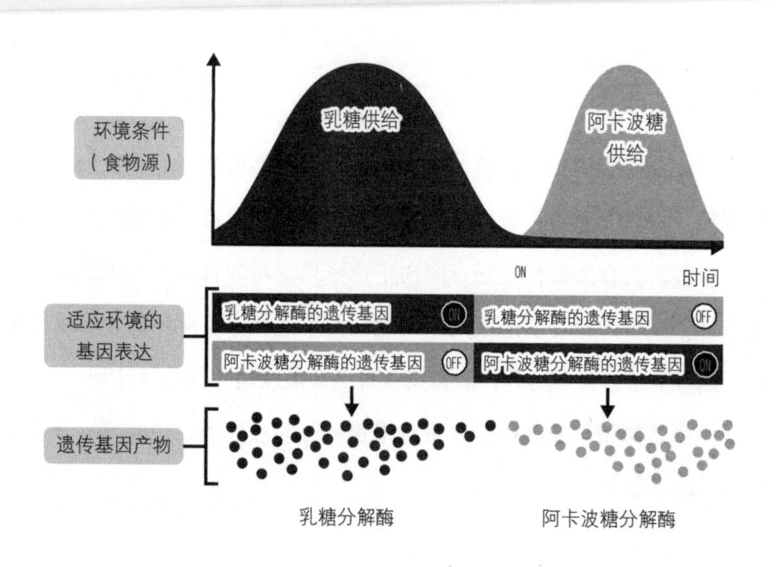

图 5-9 适应环境变化的基因表达

「ケイン生物学 第5版」（上村慎吾／監訳）、東京化学同人、2014をもとに作成。

酶的遗传基因则处于关闭状态。但当糖分供给变为阿卡波糖之后，因为必须利用阿卡波糖，所以阿卡波糖分解酶的遗传基因打开，乳糖分解酶的遗传基因则处于关闭状态。这个实验证明了**环境的变化会对遗传基因的开关产生影响**。因此能够解释为什么环境会引发进化。由此可见环境非常重要。

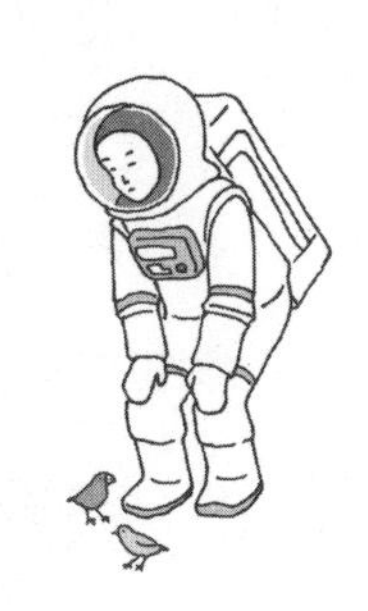

人类的增加

前面我们学习了许多生物的进化与环境之间的关系，接下来让我们从全球化的角度来了解一下地球的环境。大约3亿年前，地球上的陆地都是连在一起的，后来逐渐分裂形成现在的形状。大家应该在地理课上学过大陆漂移吧？那么在大陆漂移的过程中，居住在大陆上的人类数量会发生怎样的变化呢？

关于这个问题，一个针对果蝇的实验或许能够给出答案。将果蝇饲养在一定的空间中，如果只给其固定量的食物，那么果蝇的数量在增长到一定程度之后就不会继续增加。人类也一样。人类的数量虽然在不断增加，但当无法获得充足的食物供给时，就会和果蝇一样数量保持在一定的水平而不再增加。截止到2020年，全世界人口的数量约为78亿人。但这个数量在不断增加，由此可见人类的数量尚未达到瓶颈。继续这样发展下去，地球上的人口数量或许会达到90亿甚至超过100亿。也就是说，人类必须继续增加食物的产量。这是一个长期化的问题。因此基因编辑食品开始得到人们的关注。关于基因编辑食品的内容详见第6章。

全球气候变暖

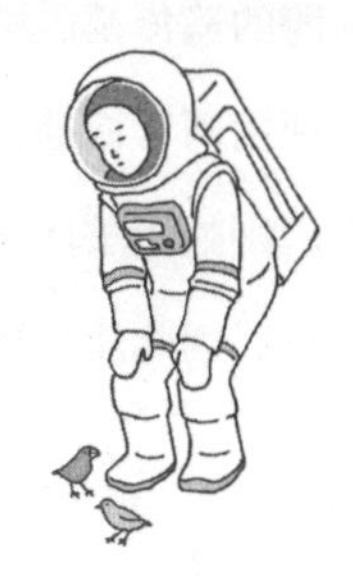

地球的环境正因为二氧化碳的增加而变得越来越差。尤其是近几十年来，地球上的二氧化碳浓度呈直线上升态势（图5-10A）。从北半球来看，

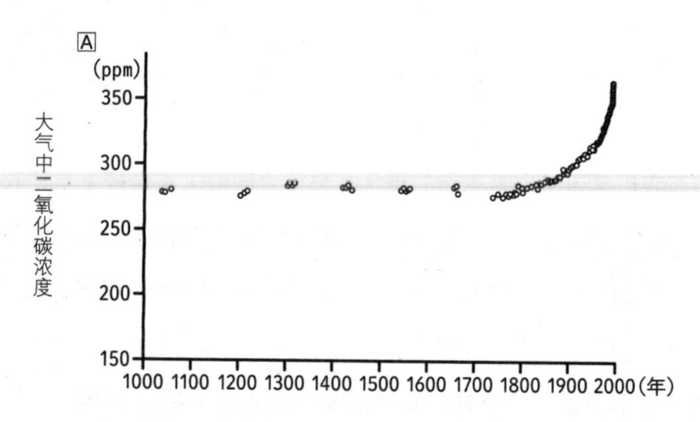

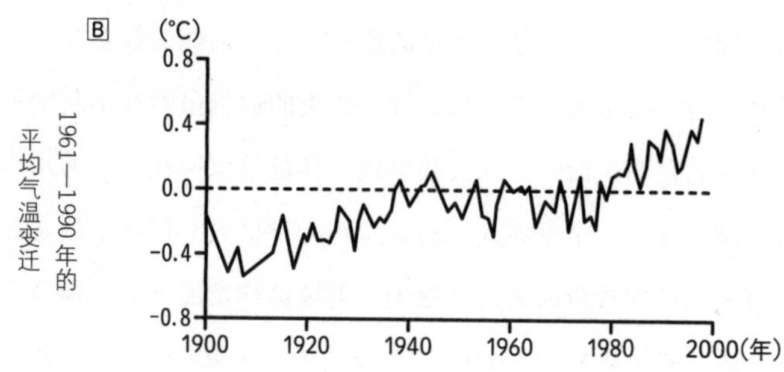

图 5-10 二氧化碳浓度与气温的变化

IPCC第三次評価報告書をもとに作成。

夏季（六七月份）因为植物的光合作用比较活跃，所以二氧化碳的排放量相对较低。而冬季则相对较高。二氧化碳的浓度呈现出上下波动的状态，如今已经超过400kg/mL。但如果以更长的时间单位（比如几万年）来测量会发现，二氧化碳的浓度也是在上下波动，目前处于上升期，至于今后是否还会继续增加尚且不得而知。

地球的气温是由地球的轨道决定的。轨道指的是地球绕太阳旋转的路线。如果以冰河期的周期为单位来看，地球的气温与二氧化碳的浓度基本是成正比的。所以现在有人提出，全球变暖并不是二氧化碳排放增加导致的，而是因为地球目前处于间冰期。但不管怎样，大气中二氧化碳浓度上升是千真万确的事实（图5-10A）。究竟是不是因为工业革命导致大气中二氧化碳浓度上升，最终引发全球气候变暖呢？希望大家能够思考一下这个问题。

问 全球气候变暖的原因是什么?

答案是人类的经济活动。我们人类为了获得更好的生活而大肆排放二氧化碳，导致全球气候变暖，或许这是大自然对人类的报复吧。但对于已经享受到当今时代便利的人类来说，为了避免全球气候变暖而放弃一切经济活动回到从前的生活方式是完全不可能的。所以目前关于全球气候变暖的讨论也颇具争议。从平均的角度来看，全球气候确实在逐渐变暖（图5-10B），但如果从不同城市的角度来看又几乎没有太多的变化。

全球气候变暖会带来怎样的问题呢？首先是海平面上升，比如位于南太平洋的岛国图瓦卢，整个国家都有被海水淹没的危险。而且还有人担心，如果北冰洋的冰山继续融化，日本也有可能被淹没。

问 **海平面上升并不是北冰洋冰山融化所导致的，那么究竟是什么原因呢？**

水杯里的冰块融化并不会使杯中的水面升高。所以北冰洋的冰山融化也不会使海平面升高。导致海平面升高的原因其实是陆地冰川融化。格陵兰岛和南极的陆地冰川融化占2/3的因素。

问 **那剩下的1/3是什么呢？**

答案是水温上升导致的海洋体积膨胀。大家有注意到吗，水的温度升高之后体积也会相应增加。虽然增加的幅度并不大，但整个海洋都膨胀起来的话就变成了不可忽视的体积。北冰洋的冰山正在融化成海水，这是千真万确的事实。大家都说全球气候变暖是燃烧煤炭和石油导致的，那么请回答以下问题。

问 **即便从现在开始彻底取消化石燃料的消耗，未来几个世纪地球的气温仍然会持续上升。也就是说，即便将二氧化碳的排放量削减为0，地球的气温仍然会持续上升。这究竟是为什么呢？**

因为大气中已经存在大量的二氧化碳。**即便从现在开始再也不用石油等燃料，温室效应仍然会继续存在几个世纪。**

酸雨

曾经有一段时期，酸雨是备受关注的环境问题之一。曾经有人提出雨水变成酸性，会使树木枯萎。但实际上并非如此。这是人类关于环境问题的一个错误认知。以前有人认为汽车排放的尾气使空气中二氧化硫的浓度升高，融入雨水中就会形成硫酸使雨水变成酸雨。很多环保宣传片中也声称酸雨会使树木枯萎。但实际上水的 pH 和雨的 pH 是相同的，所以绝大多数的雨都不会是酸性的。

微塑料

现在对环保构成巨大威胁的问题是微塑料。大家一定都听说过取消塑料袋的环保运动吧？因为微塑料非常难以处理。科学家对海洋中微塑料的含量进行了测量，发现微塑料广泛地存在于全世界的海域之中（图 5–11）。

许多海洋生物因为误食微塑料而死，所以必须及时地想办法解决微塑料污染的问题。除了取消塑料袋之外，还需要考虑如何环保地处理一切塑

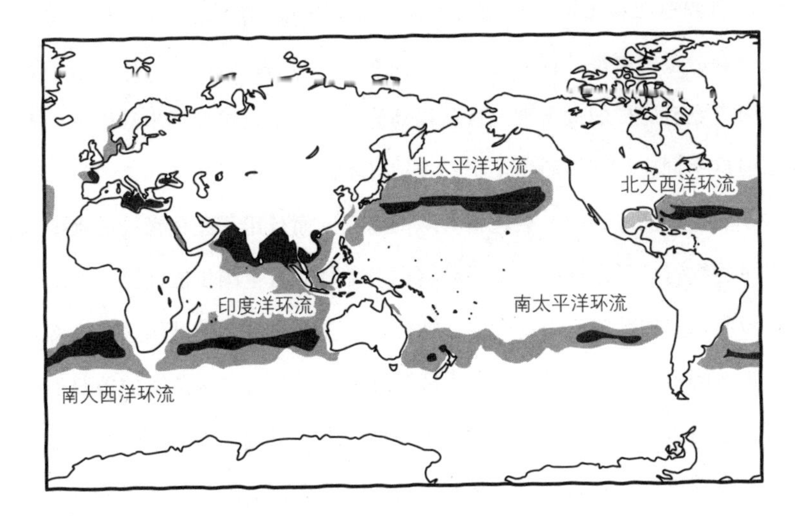

图　海洋中微塑料的分布密度

《有害化学物质扩散导致的结果》（日本环境化学会/编），讲谈社，2019。

料制品。现在最令人担心的是，在沙丁鱼的体内也检测出了微塑料。这实在非常可怕。

用洗衣机清洗一件腈纶衣物，会有大约 2000 根微小的塑料纤维流入下水管道。虽然一次的数量不多，但日复一日、年复一年，积攒起来的数量就非常惊人。尤其是被称为毫微塑料的更小的塑料微粒（呈针状）更加危险。所以大家在丢弃塑料制品的时候一定要注意垃圾分类。

辐射的影响与净化

当我在课堂上问“现在大家最关心的环境问题是什么”的时候，学生们回答最多的就是“辐射污染”。在本章的最后，就让我们一起来了解一下辐射究竟有怎样的危害吧。自从福岛第一核电站发生泄漏事故以来，大家对辐射这个词应该都不陌生了吧？虽然日本政府采取了净化污染的行动，但这并不能彻底消除辐射，只是将其降低而已。而且用于净化污染的水中也含有大量的辐射，所以这种行为只是将辐射稀释后大范围扩散而已。相当于让原本没有辐射的地方也出现辐射。如果辐射强度在安全的范围之内，将其稀释后扩散倒也没什么问题，但在不清楚辐射究竟具有多少危害的情况下，是否应该贸然进行净化还有待商榷。现在世界上许多地方都采取的是将辐射稀释后大范围扩散的方法，也就是对辐射的强度进行了限制。在这种情况下，就必须对辐射的危害强度进行严格的测量和计算，但关于这方面的研究还非常少，这也可以说是亟待解决的问题之一。

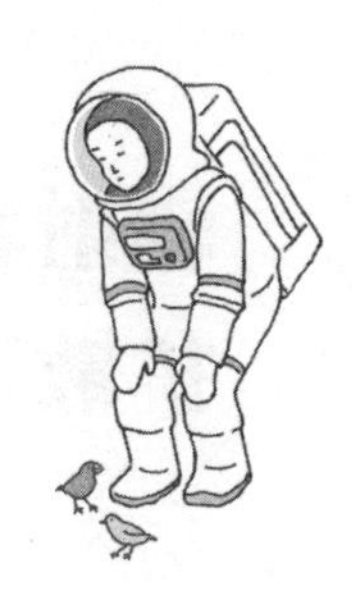

辐射有哪些危害?

为了抵御辐射，最常用的方式是防护盾。

问 为什么需要防护盾来抵御辐射？辐射的危害在哪里?

请大家记住，辐射本身是没有危害的，但**水分子与辐射发生反应之后就会产生非常危险的物质——活性氧**。活性氧能够与我们体内的DNA和蛋白质发生反应引发癌变。当辐射照射到人体时，人体内的水分就会产生出活性氧，并改变我们体内的许多成分。这就是辐射使人产生癌症的原因。

大家应该听说过放射线治疗吧？这是用很强的放射线攻击癌细胞来治疗癌症的方法。但放射线不仅能够杀灭癌细胞，同样能够杀灭其周围的正常细胞。这种不分敌我的治疗方法真的没问题吗?

辐射在世界范围内扩散了多少？

大家知道辐射在全世界范围内扩散了多少吗（图5-12）？1960年左右，美国和苏联进行了多次核试验，使全世界的空气中都含有辐射。大量的辐射被均匀地散播到整个世界。后来核试验停止之后，辐射量也逐渐减少。

1986年切尔诺贝利核电站泄漏事故导致当时全世界空气中的辐射强度大幅提升。但因为事故是一次性的，所以其造成的影响逐渐降低直至几乎消失。随后就发生了福岛第一核电站泄漏事故。如图5-12所示，目前辐射量也在逐渐降低。

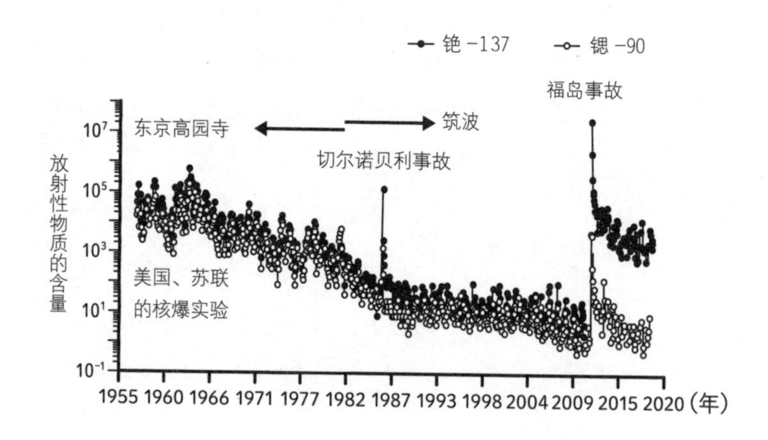

图 12　放射性物质含量的变迁

気象研究所「環境における人口放射能の研究（2018年版）」をもとに作成。

辐射是如何测量的？

现在测量土地中残留的辐射时主要测量铯、锶与氚的含量。

问 为什么选择这三种元素进行测量呢？

残留在土地中的铯会被植物吸收，一旦人类吃了含铯的食物，铯就会残留在人体的肌肉之中。

同样，锶会残留在人体的骨骼中。如果是不管吃多少都能排泄出去的物质，基本对人体都不会造成什么伤害。但像这样一旦进入人体就会不断积累而无法排出体外的东西都非常危险。

而氚是排放量最大的元素，用来作为检测标准比较准确。还有一点，铯和锶测量起来比较简单，可以一目了然地判断其在土地中的含量。而氚则需要特殊的仪器来进行测量，一般情况下只有专业人士才能测量。

还有一个原因，那就是放射性物质都有半衰期，有些物质即便辐射很强而且排放量也很高，但一年之后就基本全部消散了，这样的物质影响并不大。而半衰期比较长的物质就会一直残留在土地之中，造成有害的影响。氚的半衰期是12年，锶的半衰期是29年，铯的半衰期是30年。所以要对这三种元素进行测量。

希沃特是什么意思？

辐射分为核电站放出的人工辐射与自然界中存在的自然辐射。辐射也有单位，用来表示辐射强度的单位叫作贝克勒尔。

但在提到辐射危害的时候，经常会听到希沃特这个词。希沃特是衡量辐射剂量对生物组织影响程度的单位。一般用毫希沃特（mSv，1希沃特=1000毫希沃特）来表示对人体的影响。那么，多少希沃特对人体有害呢？

危害从何而来？

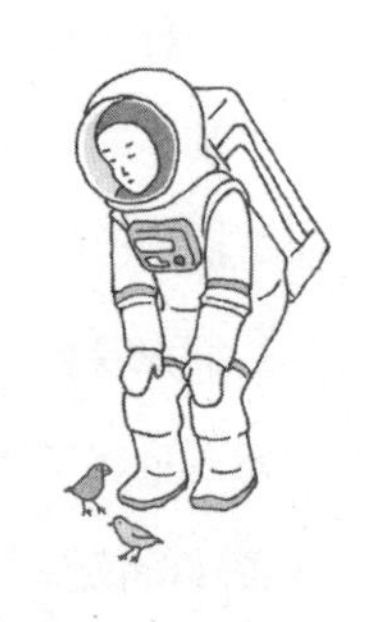

多少强度的辐射会对人体造成危害呢？一般来说，安全的基准在100毫希沃特。如果1年内遭受的辐射剂量超过100毫希沃特，就会稍微增加罹患癌症的概率。辐射如图5-13所示，包括人工辐射与自然辐射，人工辐射包括X射线检查和CT检查等。接受一次CT检查会受到10毫希沃特左右的辐射，而治疗癌症时受到的辐射量更大。但相对治疗带来的好处，这些副作用是可以接受的。

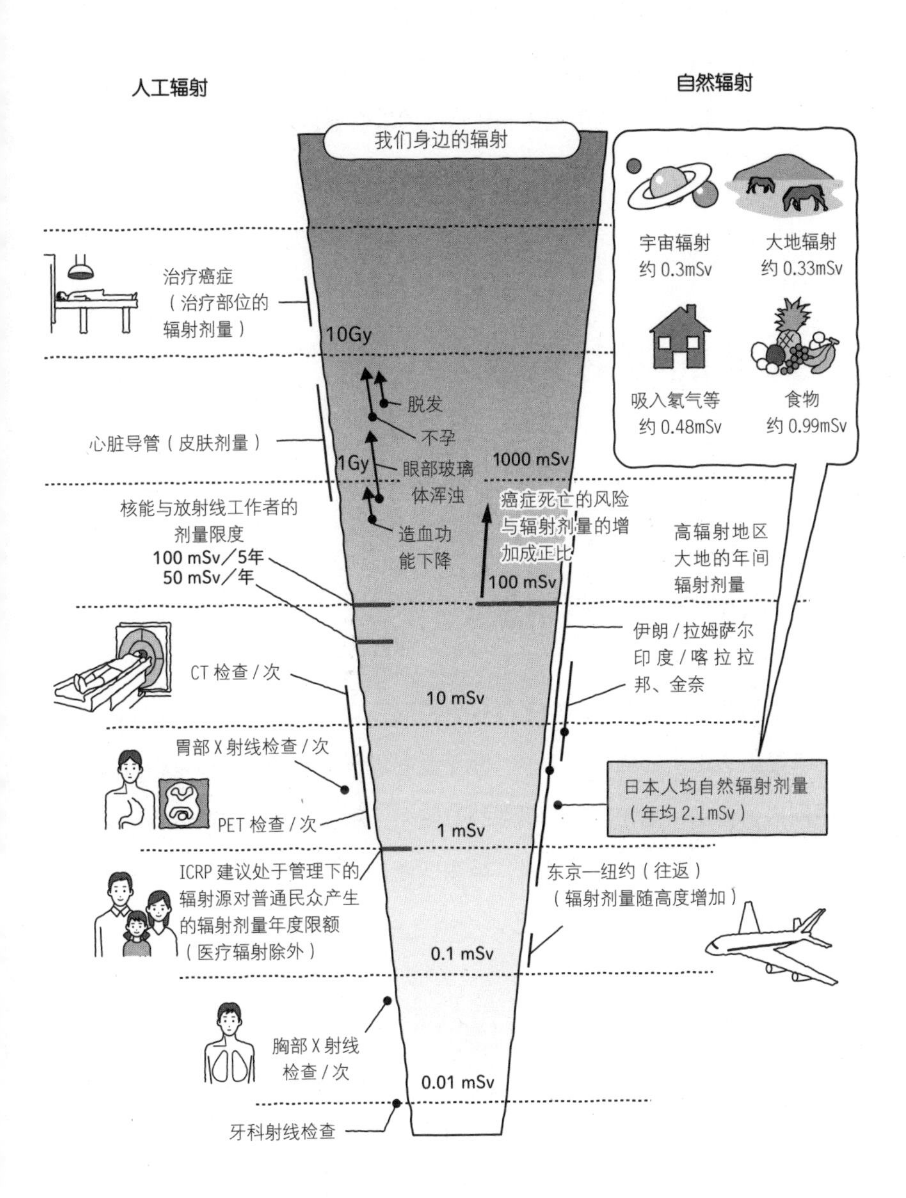

图 5–13　我们身边的辐射

mSV：ミリシーベルト。

放射線医学総合研究所「放射線被ばくの早見図」より引用。

自然辐射包括大地和食物等放出的辐射。岩石也有辐射，有些特别强的辐射剂量甚至超过100毫希沃特。此外，距离宇宙越近，距离地球越远，辐射剂量越强，所以飞行员与普通人相比遭受的辐射更多。

大地的辐射剂量

日本的自然辐射剂量

让我们先来看一看日本的自然辐射情况。请看图5-14，日本的关东地区因为都是由火山灰形成的壤土层，几乎没有岩石，所以辐射剂量相对较少。而中国因为多是山地，岩石的辐射相对较多，所以自然辐射剂量也比较高。但大家不用对自然辐射过于紧张，因为即便是自然辐射剂量最高的地区，一年的辐射量也不过1毫希沃特而已。

全世界的自然辐射剂量

再来看全世界的自然辐射剂量。日本平均的自然辐射剂量为0.46毫希沃特，美国为0.41毫希沃特（图5-15）。而印度的喀拉拉邦，因为毗邻德干高原，所以辐射剂量最高可达35毫希沃特。伊朗的拉姆萨尔更是高达149毫希沃特。没想到吧，世界上竟然还有辐射剂量这么高的地方。平均下来，一年受

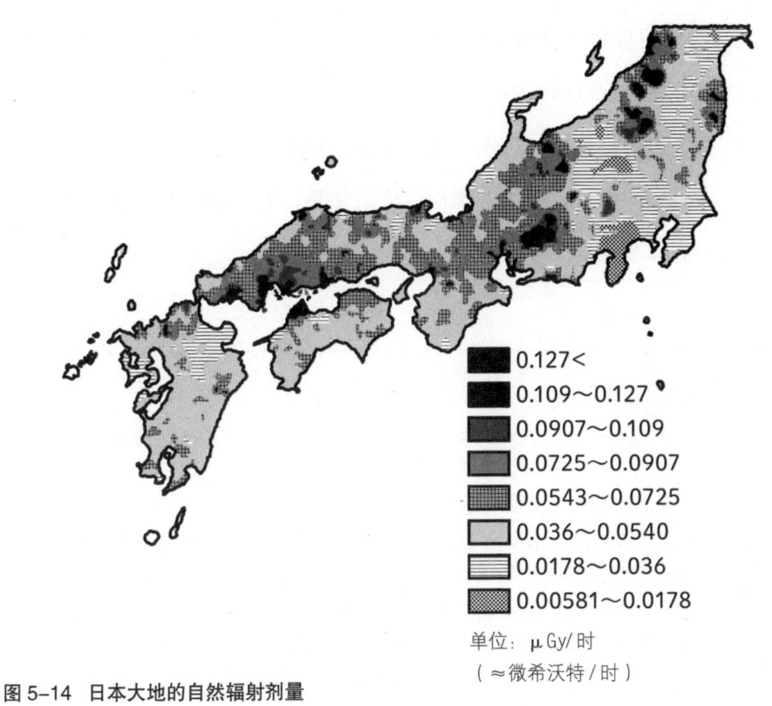

图 5-14　日本大地的自然辐射剂量

1999—2003年試料採取，2004年発表。日本地質学会ホームページをもとに作成。

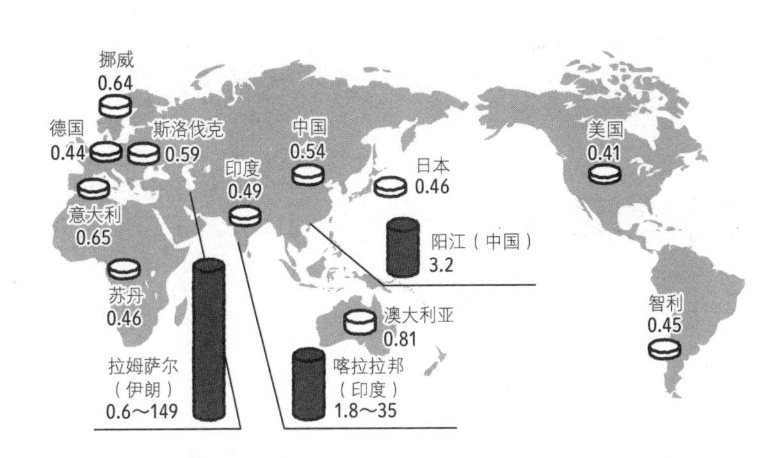

图 5-15　世界各国的大地年均自然辐射剂量

単位：ミリシーベルト。

国連科学委員会報告書から作成。電中研ニュース451号（2019年1月）より引用。

到2.4毫希沃特的自然辐射剂量是正常的情况。也就是说，即便我们什么都不做，也会受到2.4毫希沃特的辐射。所以如果有人对你说1毫希沃特辐射非常危险，你完全不用搭理他。当然，如果辐射剂量超过100毫希沃特，确实有增加罹患癌症概率的风险，大约会增加百分之几吧，但只要在100毫希沃特以下就对罹患癌症概率几乎没有影响。

宇航员很危险?

地球上不同地区的辐射剂量也各不相同，但实际上即便在做 CT 检查时，辐射的剂量也会随部位的不同有所变化。比如头部的辐射剂量为 2~3 毫希沃特，胸部则为 5 毫希沃特，腹部为 15 毫希沃特。飞行员每年会受到 3 毫希沃特的辐射。搭乘飞机从东京到纽约往返一次会受到 0.19 毫希沃特的辐射。宇航员即便在宇宙飞船内也会受到 100 毫希沃特的辐射。如果出舱到宇宙空间就会一下子受到 500 毫希沃特的辐射。前面提到 100 毫希沃特的辐射剂量就会增加罹患癌症的概率，而宇航员会受到 500 毫希沃特的辐射。所以这个世界上受辐射危害最大的职业就是宇航员，其次就是医生。

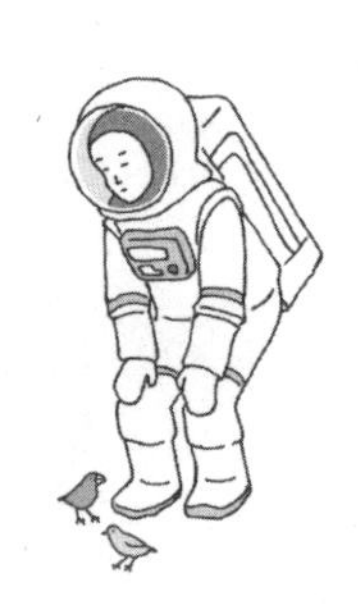

不同的见解

有一个关于辐射的国际委员会，通过流行病学调查，确认100毫希沃特以下的辐射并不会增加罹患癌症的概率。但日本政府却在此基础上提出，“虽然在100毫希沃特以下都没问题，但或许仍然存在风险”。福岛核电站发生事故之后，日本政府最初将安全标准设定为20毫希沃特以下，凡是辐射量高于20毫希沃特的地区都不能进入，这使得许多人有家不能回。国际委员会的调查结果明明是100毫希沃特以下都是安全的，日本政府却以“可能存在风险”为由将安全基准降低到20毫希沃特。

结果又有一个关于辐射的国际委员会，提出每年的被辐射量不能超过1毫希沃特。这个委员会的成员都是谈“辐”色变的人。他们甚至连0.1和0.001毫希沃特的辐射都不能接受。对他们来说，不管剂量有多小，只要是辐射就对人体有害。但不可思议的是，他们却认为从事X光相关职业的人即便受到10或者20毫希沃特的辐射也没关系，有点儿让人难以理解。

有些人在没有任何证据的情况下就大肆宣扬“即便很低剂量的辐射也有危害”。事实上，完全没有低剂量的辐射会增加癌症风险的相关数据。一般情况下，1~2毫希沃特的辐射根本不用在意，这可以说是常识。居住在日本的人每年都会平均受到2.1毫希沃特的自然辐射。但这些人却仍然因为1毫希沃特的辐射而感到不安，甚至连0.1毫希沃特的辐射都无法忍受。如果问他们理由，他们只会回答说“因为不能证明没有危险”。这些毫无科学依据的人成立的委员会规定，只要超过1毫希沃特的辐射就是有害的。倘若真如他们所说，那么全世界的人都处于危险之中。我希望大家知道的是，在这个世界上，有人认为1毫希沃特的辐射都有危害，也有人认为100毫希沃特以下的辐射都是安全的。

关于辐射，世界上有各种各样的见解，并不都是科学的，希望大家能用自己的大脑思考一下。你认为谁是正确的?

如何看待辐射？

以下是我个人的看法。如果宇航员罹患了癌症，说明辐射确实危险。但如果宇航员非常健康地活到老年，就说明辐射完全没有危害。我这么说的话，肯定有人让我用实验来证明。如何证明呢？只要调查受到过辐射的人有没有罹患癌症就可以了。但这其实很难做到。因为你无法调查一个人在受到辐射的几十年之后是否罹患癌症。而且就算真的罹患了癌症，也无法证明这是辐射导致的还是不良的生活习惯导致的。仅凭现在的技术完全无法做到这么严谨的实验。因为实验对象可能吸烟，可能有其他不良嗜好，你不可能调查清楚他全部的生活习惯。所以，现在无法通过实验来证明辐射与癌症之间是否存在因果关系。虽然可以进行动物实验，但动物和人类之间还是存在明显的区别。从结论上来说，辐射是否安全，只能从个人的角度来提出见解。在生命科学领域有许多类似的问题。**不经过自己的思考人云亦云，还是自己思考并采取行动，两者之间存在巨大的差异**。

我们身为人类，不可避免地会受到环境的影响。在考虑与健康相关的问题时，也必须将许多因素都考虑进去。本章的内容就到此为止。

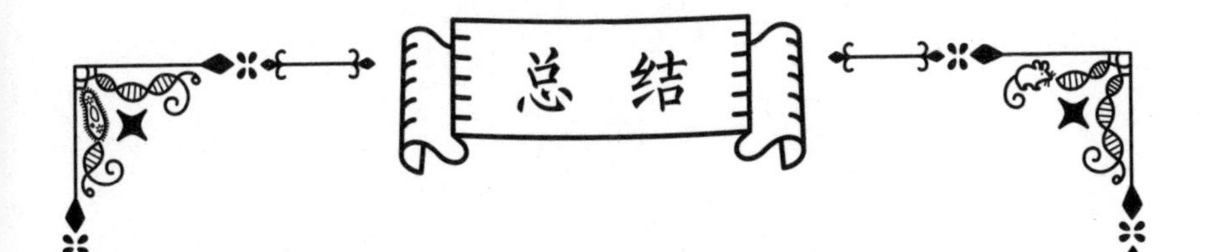

● 加拉帕戈斯群岛的示例向我们展示了生物是如何适应环境的。有的个体会在环境的影响下向更有利于生存的方向发展，还有的进化被偶然的情况所影响。

● 介绍了大家普遍关注的全球气候变暖与辐射等环境问题。

● 关于人们最为关注的辐射问题，通过数据对其危险性进行了说明。请大家思考应该如何思考和行动。

第 6 章

基因编辑的最新情况

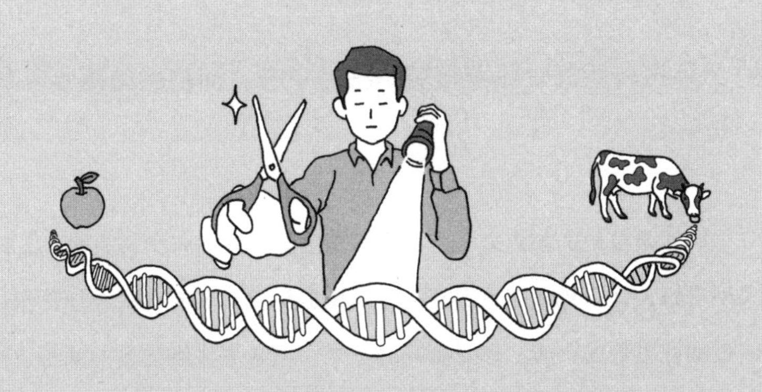

基因编辑食品的需求

在本书的最后，我想给大家介绍一下生命科学中最大的课题之一：关于基因编辑食品的最新情况。2019年1月，新闻播出了“基因编辑食品必须提交申请”的相关报道。基因编辑和转基因究竟有什么区别呢?

首先来看基因编辑。比如肉质更多的鱼、高营养价值的西红柿、产量非常高的稻米、毒性很少的土豆等，这些都是基因编辑的产物。需要注意的是，**基因编辑食品不需要经过安全审查**。现在转基因食品需要经过非常严格的审查程序，而基因编辑食品则完全不需要，甚至连是否在包装上标明“基因编辑”的字样都只需要由消费者协会决定即可。

基因编辑食品在正式销售之前只需要向相关部门提交申请，不需要进行审查，而且日本并不禁止从外国进口的基因编辑食品。

问 为什么转基因食品要接受严格的审查，而基因编辑食品却不需要呢?

这确实是争论的焦点之一。日本的基因编辑食品有身长为普通品种1.5倍的大型真鲷、性格更加温顺易于人工养殖的鲐鱼、具有降低血压作用的西红柿、过敏性更低的鸡蛋、产量更高的玉米、富含更多维生素的草莓、肉质更好的牛肉、无毒的土豆等，这些都不需审查就能直接销售。

在回答上述问题之前，首先必须了解基因编辑和转基因之间有什么区别。让我们一起来看一看吧。

什么是基因编辑？

基因编辑，简单来说就是将遗传基因切断。不管动物还是人类，遗传基因被切断后都能够重新连接。而转基因之所以会受到严格的审查，是因为加入了其他生物的遗传基因。

被切断的遗传基因重新连接时，既可以原样连接，也可以删掉一部分或者添加一部分后再重新连接（图6-1左）。比如写着目标序列的部分，去掉“标”和“序”变成“目列”，或者在中间添加灰色的部分。像这样单纯地切断并重新连接不需要审查。绝大多数的基因编辑都是像这样只对DNA进行缺失和插入的编辑。但也有从外部插入黑色序列的情况（图6-1右）。这就和转基因一样了。左侧因为只是切断遗传基因，不需要审查。右侧的操作因为加入了外来的遗传基因，所以必须接受审查，也就是说和转基因的要求相同。所以我们主要讨论左侧的情况。

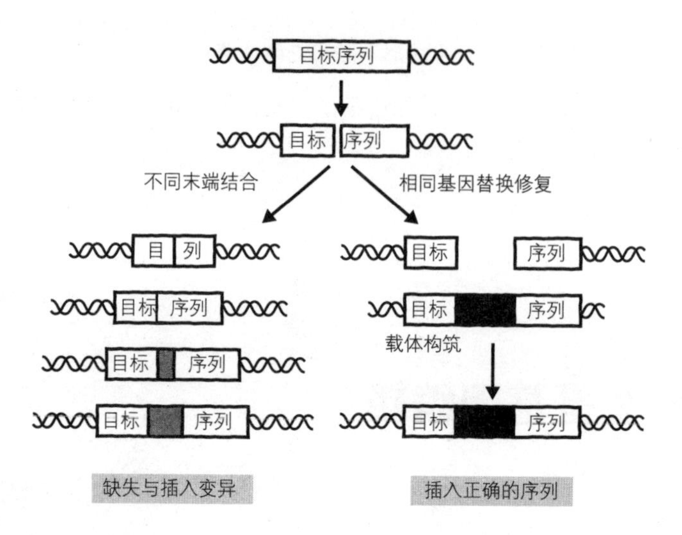

图 6-1 基因编辑的原理

与转基因有什么区别?

基因编辑是将特定区域的遗传基因切断（图6-2A），**只改变特定的部位**。而转基因则是**加入不同生物的遗传基因**（图6-2B），所以容易出现问题。

请看图6-2B，此处是第9染色体出现了基因转换。但实际上转基因会发生在那个染色体上并不确定，这也是转基因技术存在的最大问题。比如第3染色体中存在非常重要的遗传基因，而基因转换恰巧出现在第3号染色体上，导致这个重要的遗传基因崩溃，这就非常可怕了。所以转基因确实存在着不可忽视的问题。

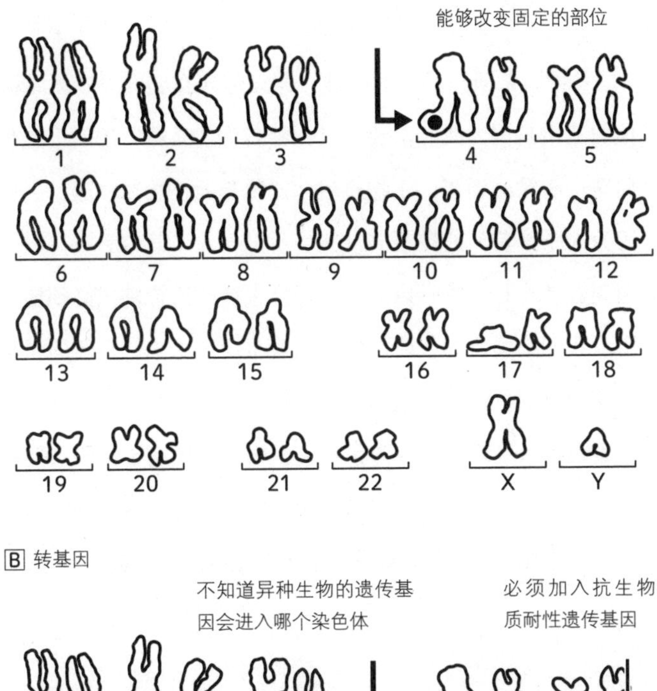

图 6–2　基因编辑与转基因

还有一点需要注意，那就是在进行基因转换时必须额外加入被称为抗生物质耐性遗传基因的遗传基因。为什么要这样做呢？这就要从基因转换的方法说起了。

图6-3是大肠埃希菌转基因的原理。假设你现在要向大肠埃希菌的DNA中加入其他的遗传基因。此时需要通过一种名为“质粒”的圆形遗传基因作为媒介，而这个质粒必须与抗生物质耐性遗传基因连接在一起。之所以要这样做，是因为大肠埃希菌的数量非常多，所以导入了质粒和没有导入质粒的大肠埃希菌混合在一起非常难以分辨。但导入后的遗传基因必须增殖才能发挥作用，所以我们必须将导入质粒的大肠埃希菌挑出来。具体的做法是向含有大肠埃希菌的液体内加入抗生素。这样一来，普通的大肠埃希菌全部死亡，而导入质粒的大肠埃希菌因为带有抗生物质耐性遗传基因则能够存活下来。接下来只需要将存活下来的大肠埃希菌增殖即可。这就是转基因的具体操作原理，在**进行基因转换时必须同时加入抗生物质耐性遗传基因**。

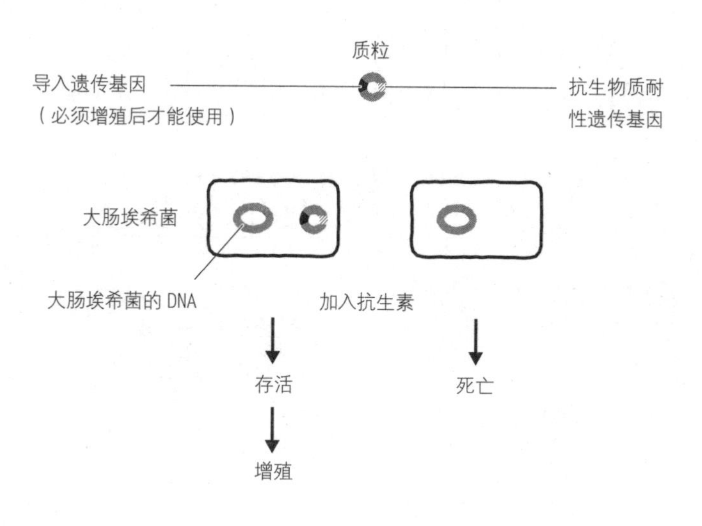

图 6-3 转基因的原理

加入抗生物质耐性遗传基因会发生什么?

抗生物质耐性遗传基因是能够使抗生素无效的遗传基因。这种东西如果进入人体的话会引发怎样的后果呢?生病的时候所有的抗生素都对人体不起作用了。这是不是非常可怕?所以有很多人对转基因谈虎色变。不过这种东西其实是不会进入人类遗传基因的。

基因编辑、转基因与育种

受基因编辑影响最大的是农作物。请看下表,这是对基因编辑、转基因与育种进行对比的示意图。乍看起来,基因编辑和转基因似乎没有什么区别,但实际上两者最大的区别在于是否导入了外来物种的基因。基因编辑只是将遗传基因切断,而没有导入外来基因。转基因则是导入外来的遗传基因。还有一个区别是,转基因不知道导入的基因会进入什么地方。而基因编辑能够确定切断的位置,所以不会破坏关键的遗传基因。从这个角度来说,基因编辑是相对安全的方法。

为什么人类需要基因编辑技术呢?因为到21世纪后半段,地球上的人口将达到90亿,食物是否充足会成为巨大的问题。因为目前全世界农作物产量都呈现出下降的趋势,即便美国已经开始大面积种植用于应对人口爆发的转基因农作物也仍然远远不够。不管如何对现有的农作物品种进行改良，也已经接近了极限。现在全球的粮食产量勉强养活78亿人，如果人口增长到90亿人，粮食匮乏的问题将变得非常严重。因此，解决粮食危机是目前最大的课题。基因编辑农作物不需要高昂的开发成本，育种时不需要特殊的变异，短时间内就能生产出新的种子，不需要大型企业的技术支持，在小实验室中就能简单地完成。

表 基因编辑、转基因与育种的对比

	基因编辑	转基因	育种
导入外来遗传基因	无	有	无
使用药物与放射线	无	无	有
遗传基因发生巨大变化	无	无	有
遗传基因变化的部位	特定部位	随机	随机

尽管基因编辑有如此之多的好处，但还是有人反对。有人提出，就算没有转基因农作物，自己也能在深山里实现自给自足。但这种想法估计很难实现。日本今后人口会越来越少，深山里面几乎都会变成无人区。没有人的地方，基础设施也会逐渐荒废，甚至连汽车也没有，桥断了也没有人修。所以今后在深山里生活是不可能的。等大家到了我这个年纪，肯定都是只能居住在城市之中。到了那个时候，如果没有食物的话会怎样呢？粮食危机必然会引发战争与骚乱，难民大量增加，粮食价格飞涨。所以现在人类必须想办法增加粮食的产量。如果转基因农作物不行，那就只能选择基因编辑农作物。

如果全球人口达到90亿，那么发达国家的粮食产量必须提高1.5倍，发展中国家的粮食产量需要提高2倍。但随着耕地面积越来越少，用于灌溉的水资源也逐渐匮乏，到了那个时代要想进一步提高粮食的产量可以说是非常困难。本来植物的进化就是不断地适应环境，在这种严酷的环境下不管怎么育种都难以提高产量。所以我们必须采用一些特殊的方法。这个方法就是基因编辑。

第5章中提到的全球气候变暖就是有可能导致农作物产量继续下降的全球化危机。现在我们必须培育出能够应对气候变化和大规模灾害的植物。

但欧盟的最高法院将基因编辑食品等同于转基因食品并加以禁止。欧盟禁止基因编辑，美国却支持基因编辑。正如第4章中提到过的那样，很多日本人反对转基因食品的理由就是欧盟禁止。欧盟和美国最大的区别在于，欧盟不承认人工改变遗传基因，而美国却认为只要安全就没有问题。一个重视过程，一个重视结果。

食用昆虫

有人提出，如果没有肉吃可以吃昆虫。虽然现在世界上有大约 20 亿人在吃昆虫，但可能还是有很多人对此有抵触吧？不过，吃昆虫的人也并不是直接吃蜘蛛和蝗虫，而是将这些昆虫磨成粉之后再做成面包吃。

要想养育 1 千克的牛肉，需要消耗 10 千克的植物，但要想养育 1 千克的蝗虫，只需要 1.7 千克的植物就足够了。也就是说，与养牛相比，养蝗虫的效率更高。而且蝗虫排放二氧化碳的数量只有同等重量牛的 1%。所以也难怪会有人提出可以吃昆虫的建议了。

[出版者注：2019年日本环境部、农业森林渔业部、卫生劳动和福利部、日本消费者事务厅相继宣布，由于基因编辑食品不含外源DNA，因而不受2015年食品标识法（2015 Food Labeling Law）监管，而该法强制规定基因工程食品（Genetically Engineered Foods）必须标识即贴标签。]

获得诺贝尔奖的CRISPR/Cas9

本节我来为大家介绍一下实际使用的基因编辑方法，这个方法叫作CRISPR/Cas9。Cas9这种酶能够准确地切断选定的DNA部位。正如前文中说的那样，能够指定切断的部位而非随机切断，这是基因编辑最好的特性。那么，具体是怎样操作的呢？首先需要一段与指定序列相辅的向导RNA，然后由这个向导RNA将Cas9带到指定DNA序列的位置（PAM），接着Cas9就会将DNA切断（图6-4）。（出版

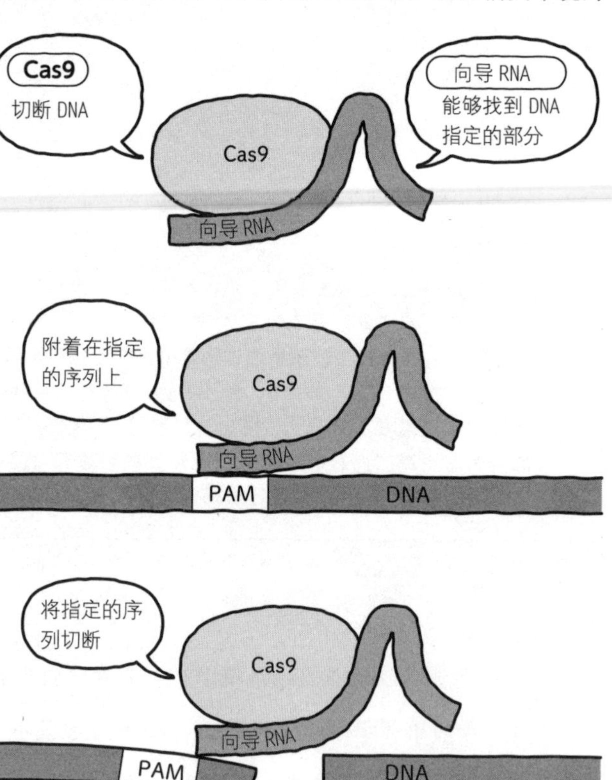

图 6-4 CRISPR/Cas9

者注：2020年的诺贝尔化学奖颁给了“对生命科学产生革命性影响”的两位女科学家沙尔庞捷和道德纳，以表彰她们在基因组编辑方法研究领域做出的贡献。诺贝尔奖委员会表示，两位获奖者发现了基因技术中最犀利的工具之一，即“CRISPR/Cas9基因编辑技术”。使用这一技术，研究人员可以非常精准地改变动物、植物和微生物的DNA。）

基因编辑能带来许多好处，比如小麦会出现白粉病，但通过基因编辑就能够创造出不会出现白粉病的小麦，还可以治疗小麦的白粉病。

人类受精卵的基因编辑

假设我们想培养出肌肉结实的牛。可以采用人工手段培养这样的牛吗？事实上，利用基因编辑技术就能够实现，而且就算我们不用人工手段，这样的牛原本也是存在的。如果将原本就肌肉结实的牛和耐热的牛综合到一起，就能培养出既耐热又肌肉结实的牛。从科学家的角度来说，用基因编辑技术培养原本就存在的牛并没有什么问题。

那么，怎样的操作有问题呢？中国某位研究人员因为对人类的受精卵进行了基因编辑而受到了广泛的质疑。为什么他要对人类的受精卵进行基因编辑呢？因为有一对夫妇，丈夫感染了HIV病毒，所以这位科学家通过基因编辑技术使这对夫妇的孩子不会感染HIV。虽然科学家的本意是好的，但对人类的受精卵进行基因编辑是前所未有的事件。这对夫妇顺利地生下了一对双胞胎，取名为露露和娜娜。露露的基因编辑成功了，而娜娜则没有成功。原因是在进行基因编辑操作时出现了一些意外，导致遗传基因缺失了一部分。也就是说，切断的遗传基因比计划中的更多。这样一来，露露可能不会感染HIV，而娜娜会怎样就不知道了。

后来的科学研究发现，如果对名为CCR5的遗传基因进行编辑，就可以使人不易感染HIV，但同时会使人更容易感染流感。由此可见，露露可能很容易感染流感。对于人类来说，擅自进行这样的基因编辑可能会引发严重的问题。（出版者注：按照中国有关法律和条例，“基因编辑婴儿”属于被明令禁止的。涉及该事件的研究人员也受到严肃处理，被依法追究刑事责任。）

肌营养不良症能够治愈吗？

通过上一节中的事例可以得知，对受精卵进行基因编辑能够治愈之前绝对无法治愈的疾病。大家对第2章介绍过的肌营养不良症还有印象吗？这是由遗传基因缺失所引发的疾病。缺失的这部分遗传基因会导致人体无法正常产生蛋白质，而且这个缺失的遗传基因还有很大的可能遗传给子孙后代。

假设肌营养不良症如图6-5所示，是44号遗传基因缺失导致的（A）。由于44号遗传基因缺失，使得蛋白质的合成在此中断，导致无法合成蛋白质。那么，要如何解决这个问题呢？答案是通过基因编辑将45号遗传基因切断一部分并且将43与45连接起来（B）。当中断的部分被重新连接起来之后，

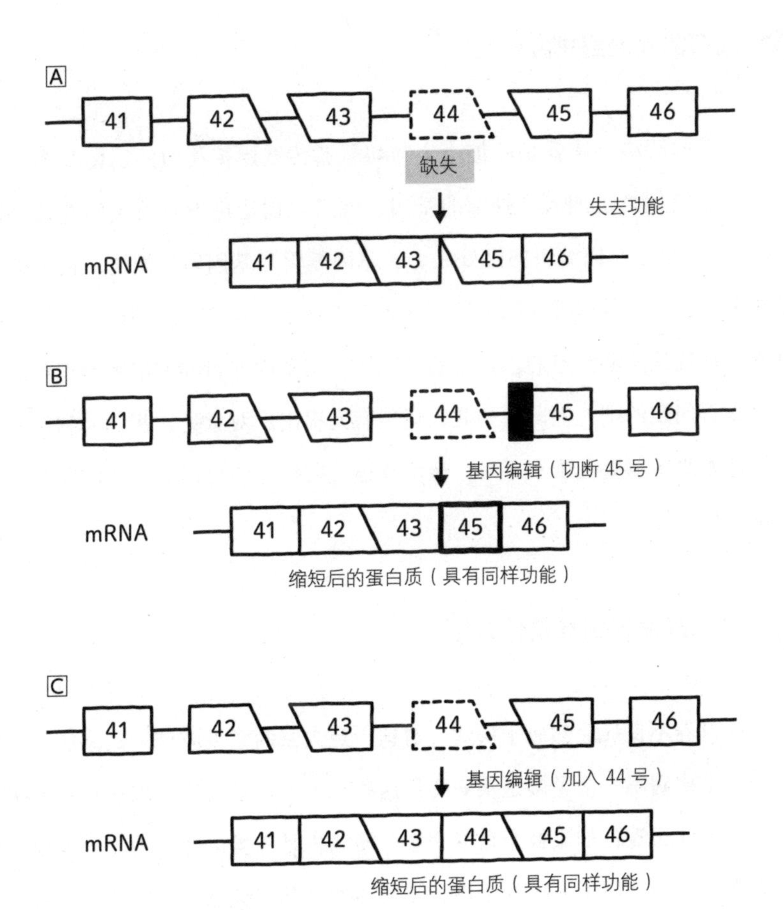

图 6–5　利用基因编辑技术治疗遗传疾病

蛋白质的合成就会恢复正常，尽管合成后的蛋白质中没有44号和45号的一部分，但仍然具有正常的功能，从而避免出现肌营养不良症。像这样进行基因编辑之后，就不会将肌营养不良症的遗传基因传给子孙后代，消除遗传疾病的问题。

问 还有另外的解决办法吗？

另外的解决办法就是添加一个和44号遗传基因很相似的遗传基因，这个操作虽然相当于加入了外部的基因，但可以创造出没有缺失的遗传基因（C）。这也是基因编辑的好处之一。基因编辑与基因转换相比，最大的好处在于能够确定基因导入的位置，从而准确地治疗疾病。从理论上来说，肌营养不良症是能够治愈的。正常的情况下，用基因编辑的方法来治疗疾病应该是没有问题的吧？但即便如此，仍然有人提出反对意见。我认为利用基因编辑技术来定制婴儿确实不对，但治疗遗传疾病应该可以。这个问题有待大家进一步思考。

问 判断疾病的标准是什么？

肌营养不良症显然属于疾病，对这一点大家的意见应该一致。那么，性格暴躁是疾病吗？个子矮是疾病吗？这些都不能算是疾病。那么，判断疾病的标准是什么呢？如果换个角度来看，疾病也是人类多样性的一种表现。所以有人认为疾病属于人类的个性，不应该通过基因编辑来进行治疗。对于医生来说，只要是疾病就应该治好，但也有持不同意见的人。希望大家能了解这一点。

“遗传疾病不需要治疗，应该创造一个让患有疾病的人也能自由生活的社会”，从某种意义上来说这种观点似乎并没有错。但如果能把疾病治愈是不是更好？如果让患者自己选择的话，他肯定会选择治愈。而认为遗传疾病不需要治疗的人往往是没有疾病的健康人。大家观点不一致，确实是个棘手的问题。

受精卵与身体细胞基因编辑的差异

对受精卵进行基因编辑，因为能够改变全身的遗传基因，所以会消除家族的遗传疾病。但对身体细胞进行编辑，只是对特定的部位进行了改变。所以有家族遗传疾病的人应该希望对受精卵进行基因编辑吧。

基因编辑存在的问题

基因编辑的管理

对人类的受精卵进行基因编辑是被禁止的，中国也禁止这样做，但正如前文中提到过的那样，还是有人实际进行了尝试。现在，全世界都禁止利用公共研究费用进行与受精卵基因编辑相关的研究，但对于用私人资金开展的研究则没有限制，而且对身体细胞的基因编辑也相当于没有任何限制。还是有很多人认为不应擅自进行基因编辑。但另一方面，很多美国的有钱人都支持基因编辑的相关研究，并且真的出钱提供支持。

让我们来看一个私人出资进行相关研究的事例。大家听说过扩张型心肌病吗？这是一种非常可怕的疾病，是由遗传基因异常导致的，会引发心肌梗死。有一名患有此病的男子想和妻子生个孩子。在这种情况下应该怎么办呢？对受精卵进行基因编辑是肯定不行的，但男子的遗传基因存在异常，所以只要对男子的精子进行基因编辑就可以了。尽管最后夫妇二人并没有生下孩子，但这项研究证明了操作的可行性。上述研究就是由私人出资赞助完成的，至于今后这种治疗方法是否能够得到国家的认可，就要看具体的法律法规了。当然，在没有法律允许的情况下擅自操作是绝对不行的。

脱靶效应

基因编辑还有一个问题。那就是在进行定位切断时，有万分之一的概率同时切断其他的部位。如果出现这样的情况那就很麻烦了。如图6-6所示，在对人类第3号遗传基因进行基因编辑时，同时切断了其他3个部位的遗传基因，这有可能引发其他遗传基因的异常。这种情况被称为**脱靶效应**。反对基因编辑的人往往用这一点作为反对的有力依据。出现这样的事故时，要想调查清楚需要花费大量的时间和金钱，一般的患者根本负担不起。

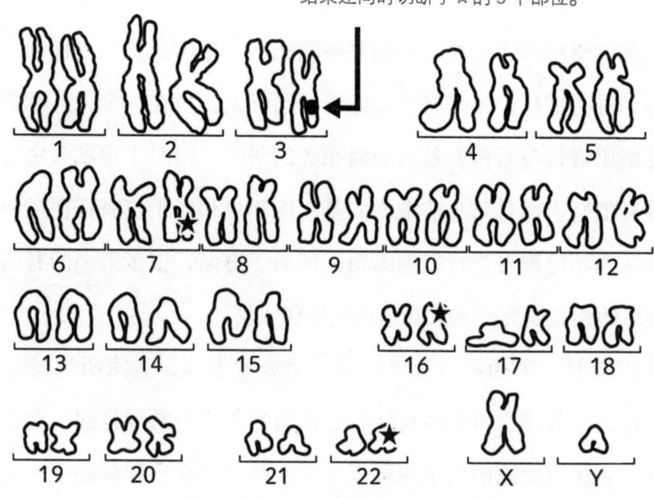

图 6-6 脱靶效应

基因编辑食品的安全性

如果说基因编辑食品是否存在风险，我的回答是“可能存在风险”。通过基因编辑，可以培育出不会产生毒素的土豆（即便发芽也不会产生龙葵素）。众所周知，土豆发芽后会变绿并产生毒性物质龙葵素，但如果在进行基因编辑时出现脱靶效应，恰巧将变绿的遗传基因切断，可能就会培育出即便产生毒性物质也不会变绿的土豆，这就非常危险。现在基因编辑食品并不需要经过审查，但从安全的角度来说，还是应该将这些情况都调查清楚。

为什么现在基因编辑食品不需进行审查呢？因为切断基因链不仅是基因编辑的操作，利用 γ 射线照射引发突然变异也会切断基因链。两者之间的区别只在于 γ 射线照射切断的基因链部位是随机的。而被 γ 射线照射后引发基因突变的水果因为吃起来没有任何问题，所以不需要检查。以此类推，与之相同的基因编辑食品也不需要进行审查。理由就是这么简单。（出版者注：中国目前还没有专门出台针对基因编辑生物的管理政策，原则上基因编辑生物只能按照转基因生物安全管理办法的要求接受审查。）

基因编辑无法调查吗？

假设有一个人，手里拿着一个苹果，我们完全无法调查出这个苹果是否经过基因编辑。因为基因编辑只是将遗传基因切开后重新连接，所以如果有人一口咬定这个苹果本来就是这样的，我们也完全无法判断。也就是说，目前无法从科学的角度对基因编辑食品进行区别和判断。**即便要求生产厂家必须接受审查，也很难保证检查的结果**。所以，既然无法审查，也就没有审查的必要了。在美国，基因编辑食品都写着Non-GMO（非转基因）、High Oleic（富含油酸）等字样。

但还是有反对基因编辑食品的人提出，只要在法律上规定必须将食品的全部生产流程都标示出来，就能区分食品是否经过基因编辑。这样，消费者可以拥有选择权。

美国的标示义务

美国一般情况下对食品标示没有强制要求，但在基因编辑食品方面，对植物和动物的要求标准完全不同。基因编辑的植物食品全部免检，而基因编辑的动物食品则全都需要检查。美国确实是一个很有趣的国家呢。

如何看待基因编辑

一开始，我也认为基因编辑非常危险。这么强大的科技一旦被用于恐怖袭击，将会造成不可估量的严重后果，所以应该被划入国家安全保障的范畴。基因编辑如果操作不当，有可能导致全人类的遗传基应都遭到改变，或者被别有用心的人利用基因编辑技术制造出像MERS那样感染力非常强且死亡率非常高的病毒，这都是非常可怕的事情。但后来我发现，基因编辑能够解决粮食问题，而且还能够用于治疗遗传疾病，也具有积极的一面。所以我现在认为，对于基因编辑技术，应该仔细地权衡利弊，不能一味地支持和反对。希望诸位在看完本书之后，也能针对这个问题展开自己的思考。

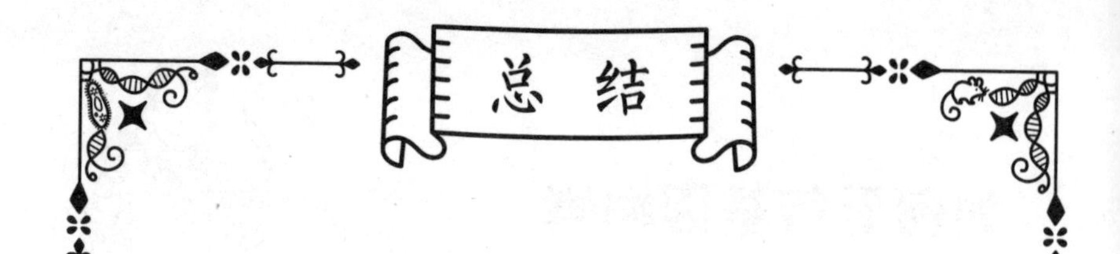

- 基因编辑食品与转基因食品之间最大的区别在于是否导入了外来的遗传基因。
- 基因编辑能够改变特定位置的遗传基因，可以用来治疗遗传疾病。
- 充分了解基因编辑的好处和害处之后，再思考关于基因编辑的粮食问题和伦理道德问题。

结 语

看过我以前作品的读者或许会感觉我的想法还是和以前没有变化啊，而以为本书只是普通的生物学讲义的读者则可能会感到有些吃惊。从我个人的角度来说，正如我在“前言”中所写的那样，希望本书能够做到一种全新的尝试，用前所未有的形式向人们介绍生命科学的魅力。不知大家认为我是否做到了呢？虽然因为篇幅所限，本书并没有疾病发病原理和治疗相关的内容，但现有的这些内容或许也能勾起大家对生命科学的兴趣，从而展开更加深入的了解和学习吧。

新冠肺炎疫情的全球爆发让我们认识到许多事实。比如从2005年开始，美国就将新型mRNA疫苗的研究项目纳入科研经费增加的课题之中，并且美国在过去20年来一直在持续不断地增加对科研经费的投入。与之相比，日本自从进入21世纪以来，科研经费就在不断削减。作为以科技立国的日本，急需能够面向未来的科学家和政治家。

本书对于科学发展所带来的诸多问题（辐射的影响、基因编辑与基因转换、关于生命伦理的不同意见等）也直言不讳地进行了说明。希望以本书为契机，可以让平时对生命科学没什么了解的人也能开始讨论与生命科学有关的话题。

致谢

羊土社的编辑部里也有许多年轻人，关于生命科学讲义的定义，这些年轻人和我之间虽然存在一些争议，但最终还是接受了我的提议，尽量避免使用专业术语，多加入一些趣味性比较强的内容。羊土社编辑部的今城叶月给我提供了巨大的帮助，鸟山拓朗为本书设计了漂亮的装订。在此一并致以最诚挚的感谢。

2021年6月

因为远程授课每天都是星期日，感觉体力大不如前的

石浦章一

作者简介

石浦章一，1950年出生于石川县。东京大学教养学部基础学科毕业。同校理学系大学院博士课程毕业后进入日本国立精神与神经中心，历任东京大学分子细胞生物学研究所助理教授、东京大学大学院综合文化研究科教授、同志社大学特别客座教授，现任新潟医疗福祉大学特聘教授、京都先端科学大学客座教授、东京大学名誉教授。理学博士。著有《用遗传基因揭开大脑与心灵的奥秘》《皇室的遗传基因》等。